교과서 연계 연산 강화 프로젝트
속도와 정확성을 동시에 잡는 연산 훈련서

쌤과

쌍둥이 연산노트

초등 8단계

4·2 예습책

1일 2쪽
한 달 완성

이젠교육
EZEN EDUCATION

이젠수학연구소 지음

이젠수학연구소는 유아에서 초중고까지 학생들이 수학의 바른길을 찾아갈 수 있도록 수학 학습법을 연구하는 이젠교육의 수학 연구소입니다. 수학 실력은 하루아침에 완성되지 않으며, 다양한 경험을 통해 발달합니다. 그길에 친구가 되고자 노력합니다.

쌤과 맘이 만든

쌍둥이 연산 노트 4-2 예습책 (초등 8단계)

지 은 이	이젠수학연구소	개발책임	최철훈
펴 낸 이	임요병	편 집	㈜성지이디피
펴 낸 곳	㈜이젠미디어	디 자 인	이순주, 최수연
출판등록	제 2020-000073호	제 작	이성기
주 소	서울시 영등포구 양평로 22길 21 코오롱디지털타워 404호	마 케 팅	김남미
전 화	(02)324-1600	인스타그램	@ezeneducation
팩 스	(031)941-9611	블 로 그	http://blog.naver.com/ezeneducation

@이젠교육

ISBN 979-11-90880-58-9

쌤과 맘이 만든

쌍둥이 연산노트

4·2

초등 8단계

예습책

쌍둥이 연산 노트

한눈에 보기

1학년

1학기

단원	학습 내용
9까지의 수	· 9까지의 수의 순서 알기 · 수를 세어 크기 비교하기
덧셈	· 9까지의 수 모으기 · 합이 9까지인 덧셈하기
뺄셈	· 9까지의 수 가르기 · 한 자리 수의 뺄셈하기
50까지의 수	· 십몇 알고 모으기와 가르기 · 50까지의 수의 순서 알기 · 50까지의 수의 크기 비교

2학기

단원	학습 내용
100까지의 수	· 100까지의 수의 순서 알기 · 100까지 수의 크기 비교하기
덧셈(1)	· (몇십몇)+(몇십몇) · 합이 한 자리 수인 세 수의 덧셈
뺄셈(1)	· (몇십몇)−(몇십몇) · 계산 결과가 한 자리 수인 세 수의 뺄셈
덧셈(2)	· 세 수의 덧셈 · 받아올림이 있는 (몇)+(몇)
뺄셈(2)	· 세 수의 뺄셈 · 받아내림이 있는 (십몇)−(몇)

2학년

1학기

단원	학습 내용
세 자리 수	· 세 자리 수의 자릿값 알기 · 수의 크기 비교
덧셈	· 받아올림이 있는 (두 자리 수)+(두 자리 수) · 세 수의 덧셈
뺄셈	· 받아내림이 있는 (두 자리 수)−(두 자리 수) · 세 수의 뺄셈
곱셈	· 몇 배인지 알아보기 · 곱셈식으로 나타내기

2학기

단원	학습 내용
네 자리 수	· 네 자리 수 알기 · 두 수의 크기 비교
곱셈구구	· 2~9단 곱셈구구 · 1의 단, 0과 어떤 수의 곱
길이 재기	· 길이의 합 · 길이의 차
시각과 시간	· 시각 읽기 · 시각과 분 사이의 관계 · 하루, 1주일, 달력 알기

3학년

1학기

단원	학습 내용
덧셈	· 받아올림이 있는 (세 자리 수)+(세 자리 수)
뺄셈	· 받아내림이 있는 (세 자리 수)−(세 자리 수)
나눗셈	· 곱셈과 나눗셈의 관계 · 나눗셈의 몫 구하기
곱셈	· 올림이 있는 (몇십몇)×(몇)
길이와 시간의 덧셈과 뺄셈	· 길이의 덧셈과 뺄셈 · 시간의 덧셈과 뺄셈
분수와 소수	· 분모가 같은 분수의 크기 비교 · 소수의 크기 비교

2학기

단원	학습 내용
곱셈	· 올림이 있는 (세 자리 수)×(한 자리 수) · 올림이 있는 (몇십몇)×(몇십몇)
나눗셈	· 나머지가 있는 (몇십몇)÷(몇) · 나머지가 있는 (세 자리 수)÷(한 자리 수)
분수	· 진분수, 가분수, 대분수 · 대분수를 가분수로 나타내기 · 가분수를 대분수로 나타내기 · 분모가 같은 분수의 크기 비교
들이와 무게	· 들이의 덧셈과 뺄셈 · 무게의 덧셈과 뺄셈

쌍둥이 연산 노트는 **수학 교과서의 연산과 관련된 모든 영역의 문제를**
학교 수업 차시에 맞게 구성하였습니다.

4학년

1학기

단원	학습 내용
큰 수	· 다섯 자리 수 · 천만, 천억, 천조 알기 · 수의 크기 비교
각도	· 각도의 합과 차 · 삼각형의 세 각의 크기의 합 · 사각형의 네 각의 크기의 합
곱셈	· (몇백)×(몇십) · (세 자리 수)×(두 자리 수)
나눗셈	· (몇백몇십)÷(몇십) · (세 자리 수)÷(두 자리 수)

2학기

단원	학습 내용
분수의 덧셈	· 분모가 같은 분수의 덧셈 · 진분수 부분의 합이 1보다 큰 대분수의 덧셈
분수의 뺄셈	· 분모가 같은 분수의 뺄셈 · 받아내림이 있는 대분수의 뺄셈
소수의 덧셈	· (소수 두 자리 수)+(소수 두 자리 수) · 자릿수가 다른 소수의 덧셈
소수의 뺄셈	· (소수 두 자리 수)−(소수 두 자리 수) · 자릿수가 다른 소수의 뺄셈
다각형	· 삼각형, 평행사변형, 마름모, 직사각형의 각도와 길이 구하기

5학년

1학기

단원	학습 내용
자연수의 혼합 계산	· 덧셈, 뺄셈, 곱셈, 나눗셈이 섞여 있는 식 계산하기
약수와 배수	· 약수와 배수 · 최대공약수와 최소공배수
약분과 통분	· 약분과 통분 · 분수와 소수의 크기 비교
분수의 덧셈과 뺄셈	· 받아올림이 있는 분수의 덧셈 · 받아내림이 있는 분수의 뺄셈
다각형의 둘레와 넓이	· 정다각형의 둘레 · 사각형, 평행사변형, 삼각형, 마름모, 사다리꼴의 넓이

2학기

단원	학습 내용
어림하기	· 올림, 버림, 반올림
분수의 곱셈	· (분수)×(자연수) · (자연수)×(분수) · (분수)×(분수) · 세 분수의 곱셈
소수의 곱셈	· (소수)×(자연수) · (자연수)×(소수) · (소수)×(소수) · 곱의 소수점의 위치
자료의 표현	· 평균 구하기

6학년

1학기

단원	학습 내용
분수의 나눗셈	· (자연수)÷(자연수) · (분수)÷(자연수)
소수의 나눗셈	· (소수)÷(자연수) · (자연수)÷(자연수)
비와 비율	· 비와 비율 구하기 · 비율을 백분율, 백분율을 비율로 나타내기
직육면체의 부피와 겉넓이	· 직육면체의 부피와 겉넓이 · 정육면체의 부피와 겉넓이

2학기

단원	학습 내용
분수의 나눗셈	· (진분수)÷(진분수) · (자연수)÷(분수) · (대분수)÷(대분수)
소수의 나눗셈	· (소수)÷(소수) · (자연수)÷(소수) · 몫을 반올림하여 나타내기
비례식과 비례배분	· 간단한 자연수의 비로 나타내기 · 비례식과 비례배분
원주와 원의 넓이	· 원주, 지름, 반지름 구하기 · 원의 넓이 구하기

쌍둥이 연산 노트

구성과 유의점

단원	학습 내용	지도 시 유의점	표준 시간
분수의 덧셈	01 분모가 같은 진분수의 덧셈(1)	진분수의 합을 구하는 구체적 활동을 바탕으로 진분수의 합을 구하는 계산 원리를 이해하고 계산 방법을 형식화하게 하여 계산하도록 합니다.	13분
	02 분모가 같은 진분수의 덧셈(2)		13분
	03 분모가 같은 대분수의 덧셈(1)	대분수의 합을 구하는 구체적 활동을 바탕으로 대분수의 합을 구하는 계산 원리를 이해하고 계산 방법을 형식화하게 하여 계산하도록 합니다.	13분
	04 분모가 같은 대분수의 덧셈(2)		13분
	05 진분수 부분의 합이 1보다 큰 대분수의 덧셈(1)	진분수 부분의 합이 1보다 큰 대분수의 합을 구하는 구체적 활동을 바탕으로 대분수의 합을 구하는 계산 원리를 이해하고 계산 방법을 형식화하게 하여 계산하도록 합니다.	13분
	06 진분수 부분의 합이 1보다 큰 대분수의 덧셈(2)		13분
분수의 뺄셈	01 분모가 같은 진분수의 뺄셈(1)	진분수의 차를 구하는 구체적 활동을 바탕으로 진분수의 차를 구하는 계산 원리를 이해하고 계산 방법을 형식화하게 하여 계산하도록 합니다.	9분
	02 분모가 같은 진분수의 뺄셈(2)		15분
	03 (대분수)−(대분수)(1)	대분수의 차를 구하는 구체적 활동을 바탕으로 대분수의 차를 구하는 계산 원리를 이해하고 계산 방법을 형식화하게 하여 계산하도록 합니다.	13분
	04 (대분수)−(대분수)(2)		13분
	05 (대분수)−(가분수)	대분수와 가분수의 차를 구하는 계산 원리를 이해하고 계산 방법을 형식화하게 하여 계산하도록 합니다.	13분
	06 (자연수)−(대분수)(1)	(자연수)−(진분수)의 결과를 구하는 구체적 활동을 토대로 (자연수)−(대분수)의 계산 원리를 이해하고 계산 방법을 형식화하게 하여 계산하도록 합니다.	13분
	07 (자연수)−(대분수)(2)		13분
	08 받아내림이 있는 대분수끼리의 뺄셈(1)	1을 가분수로 바꾸어야 하는 (대분수)−(대분수)의 계산 원리를 이해하고 계산 방법을 형식화하게 하여 계산하도록 합니다.	13분
	09 받아내림이 있는 대분수끼리의 뺄셈(2)		13분
소수의 덧셈	01 (소수 한 자리 수)+(소수 두 자리 수)(1)	세로로 소수 한 자리 수와 소수 두 자리 수의 덧셈을 하고 이를 능숙하게 계산할 수 있게 합니다.	15분
	02 (소수 한 자리 수)+(소수 두 자리 수)(2)		15분
	03 (소수 두 자리 수)+(소수 두 자리 수)(1)	세로로 소수 두 자리 수끼리의 덧셈을 하고 이를 능숙하게 계산할 수 있게 합니다.	15분
	04 (소수 두 자리 수)+(소수 두 자리 수)(2)		15분
	05 1보다 큰 소수 한 자리 수의 덧셈(1)	세로로 1보다 큰 소수 한 자리 수끼리의 덧셈을 하고 이를 능숙하게 계산할 수 있게 합니다.	15분
	06 1보다 큰 소수 한 자리 수의 덧셈(2)		15분

◆ 차시별 2쪽 구성으로 차시의 중요도별로 A~C단계로 2~6쪽까지 집중적으로 학습할 수 있습니다.
◆ 차시별 예습 2쪽+복습 2쪽 구성으로 시기별로 2번 반복할 수 있습니다.

단원	학습 내용	지도 시 유의점	표준 시간
소수의 덧셈	07 1보다 큰 소수 두 자리 수의 덧셈(1)	세로로 1보다 큰 소수 두 자리 수끼리의 덧셈을 하고 이를 능숙하게 계산할 수 있게 합니다.	15분
	08 1보다 큰 소수 두 자리 수의 덧셈(2)		15분
	09 자릿수가 다른 소수의 덧셈(1)	세로로 소수 두 자리 수 범위 내에서의 덧셈을 하고 이를 능숙하게 계산할 수 있게 합니다.	15분
	10 자릿수가 다른 소수의 덧셈(2)		15분
	11 세 소수의 덧셈	세 소수의 계산 방법을 알고 덧셈을 할 수 있게 합니다.	13분
소수의 뺄셈	01 (소수 한 자리 수)−(소수 두 자리 수)(1)	소수 한 자리 수와 소수 두 자리 수의 뺄셈 원리를 이해하고 세로로 능숙하게 계산할 수 있게 합니다.	9분
	02 (소수 한 자리 수)−(소수 두 자리 수) (2)		15분
	03 (소수 두 자리 수)−(소수 두 자리 수)(1)	세로로 소수 두 자리 수끼리의 뺄셈을 하고 이를 능숙하게 계산할 수 있게 합니다.	15분
	04 (소수 두 자리 수)−(소수 두 자리 수)(2)		15분
	05 1보다 큰 소수 한 자리 수의 뺄셈(1)	세로로 1보다 큰 소수 한 자리 수끼리의 뺄셈을 하고 이를 능숙하게 계산할 수 있게 합니다.	15분
	06 1보다 큰 소수 한 자리 수의 뺄셈(2)		15분
	07 1보다 큰 소수 두 자리 수의 뺄셈(1)	세로로 1보다 큰 소수 두 자리 수끼리의 뺄셈을 하고 이를 능숙하게 계산할 수 있게 합니다.	15분
	08 1보다 큰 소수 두 자리 수의 뺄셈(2)		15분
	09 자릿수가 다른 소수의 뺄셈(1)	세로로 소수 두 자리 수 범위 내에서의 뺄셈을 하고 이를 능숙하게 계산할 수 있게 합니다.	15분
	10 자릿수가 다른 소수의 뺄셈(2)		15분
	11 세 소수의 뺄셈	세 소수의 계산 방법을 알고 뺄셈을 할 수 있게 합니다.	13분
	12 세 소수의 덧셈과 뺄셈	세 소수의 계산 방법을 알고 덧셈과 뺄셈을 할 수 있게 합니다.	13분
삼각형과 사각형	01 삼각형의 각도와 길이 구하기	삼각형의 성질을 알아보고, 성질과 관련된 문제를 해결하게 합니다.	7분
	02 평행사변형의 각도와 길이 구하기	평행사변형의 성질을 알아보고, 성질과 관련된 문제를 해결하게 합니다.	7분
	03 마름모의 각도와 길이 구하기	마름모의 성질을 알아보고, 성질과 관련된 문제를 해결하게 합니다.	7분
	04 직사각형의 각도와 길이 구하기	직사각형의 성질을 알아보고, 성질과 관련된 문제를 해결하게 합니다.	7분

01 분모가 같은 진분수의 덧셈 A

○ $\frac{3}{8}+\frac{4}{8}$의 계산

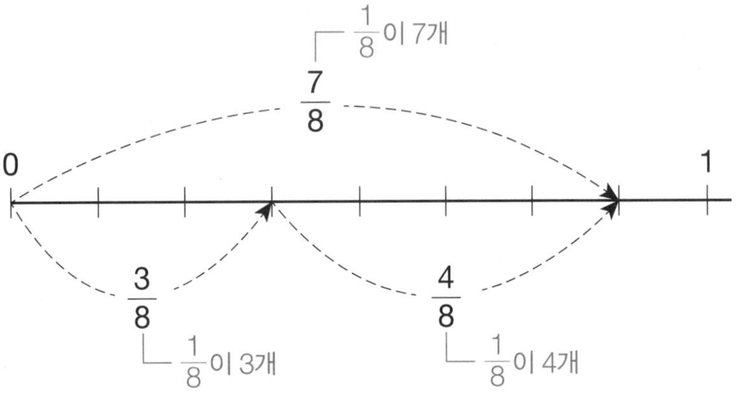

➡ $\frac{3}{8}+\frac{4}{8}=\frac{3+4}{8}=\frac{7}{8}$

└ 8로 똑같이 나눈 것 중 3개와 4개를 더한 것이므로 분자끼리만 더합니다.

원리 비법 분모는 그대로 두고 **분자끼리만 더해!**

◆ □ 안에 알맞은 수를 써넣으세요.

❶

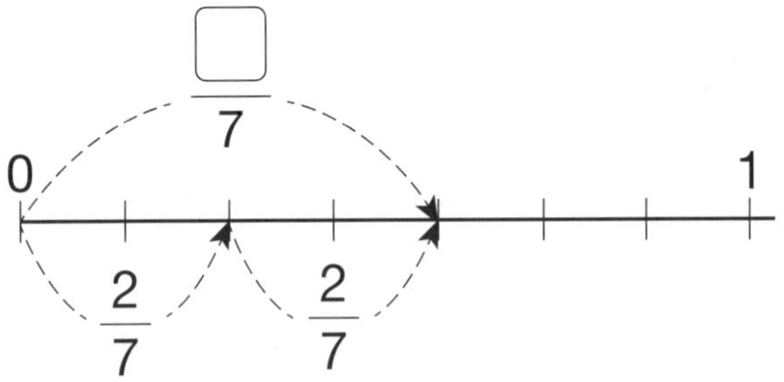

$\frac{2}{7}+\frac{2}{7}=\frac{\square+\square}{7}=\frac{\square}{7}$

❷

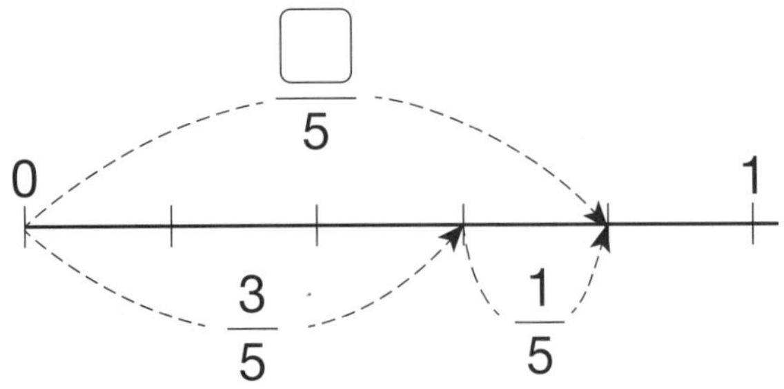

$\frac{3}{5}+\frac{1}{5}=\frac{\square+\square}{5}=\frac{\square}{5}$

❸

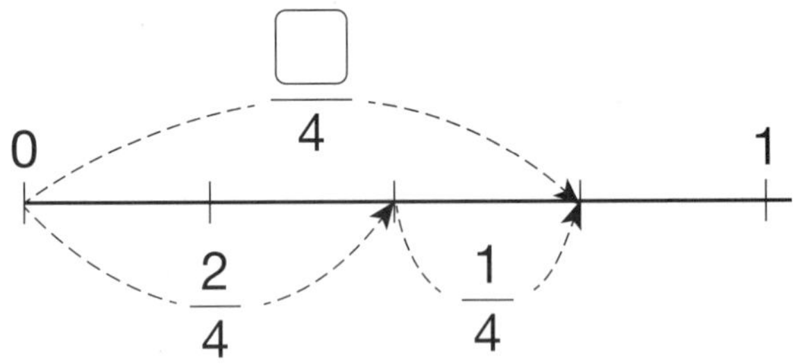

$\frac{2}{4}+\frac{1}{4}=\frac{\square+\square}{4}=\frac{\square}{4}$

❹

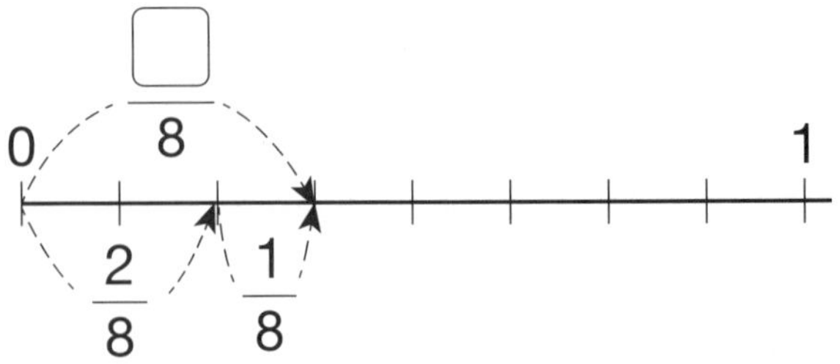

$\frac{2}{8}+\frac{1}{8}=\frac{\square+\square}{8}=\frac{\square}{8}$

정답 92쪽

공부한 날짜	맞힌 개수	걸린 시간
월 일	/25	분

덧셈을 하세요.

5 $\frac{3}{8}+\frac{3}{8}$

6 $\frac{2}{5}+\frac{1}{5}$

7 $\frac{1}{9}+\frac{2}{9}$

8 $\frac{6}{8}+\frac{1}{8}$

9 $\frac{3}{9}+\frac{4}{9}$

10 $\frac{4}{6}+\frac{1}{6}$

11 $\frac{2}{9}+\frac{5}{9}$

12 $\frac{4}{9}+\frac{1}{9}$

13 $\frac{1}{10}+\frac{1}{10}$

14 $\frac{1}{4}+\frac{1}{4}$

15 $\frac{1}{6}+\frac{2}{6}$

16 $\frac{3}{10}+\frac{2}{10}$

17 $\frac{1}{10}+\frac{6}{10}$

18 $\frac{4}{7}+\frac{2}{7}$

19 $\frac{1}{7}+\frac{3}{7}$

20 $\frac{2}{7}+\frac{2}{7}$

21 $\frac{1}{8}+\frac{4}{8}$

22 $\frac{2}{9}+\frac{2}{9}$

23 $\frac{1}{7}+\frac{5}{7}$

24 $\frac{7}{9}+\frac{1}{9}$

25 $\frac{2}{6}+\frac{2}{6}$

02 분모가 같은 진분수의 덧셈 B

○ $\frac{3}{4}+\frac{2}{4}$의 계산

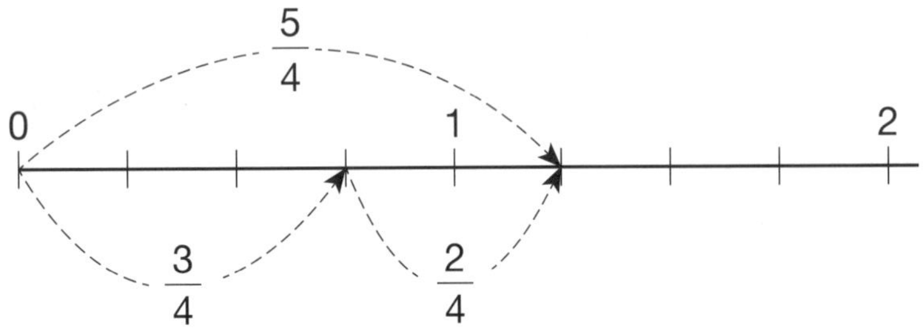

$\frac{3}{4}+\frac{2}{4}=\frac{3+2}{4}=\frac{5}{4}=1\frac{1}{4}$

($\frac{5}{4}$ → $\frac{4}{4}+\frac{1}{4}$)

원리 비법 계산 결과가 **가분수이면 대분수로** 바꿔 줘!

□ 안에 알맞은 수를 써넣으세요.

1

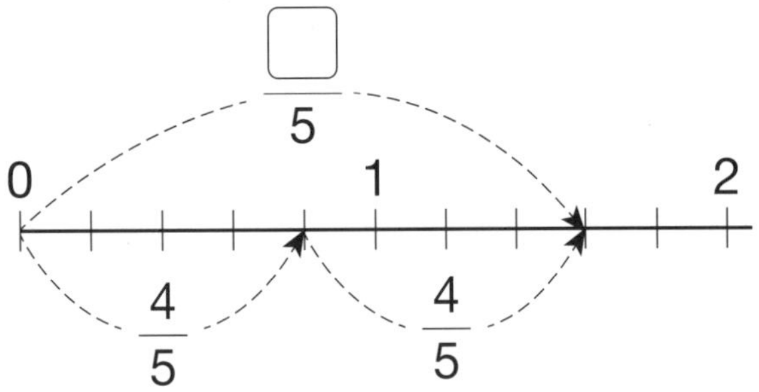

$\frac{4}{5}+\frac{4}{5}=\frac{\square+\square}{5}$

$=\frac{\square}{5}=\square\frac{\square}{5}$

3

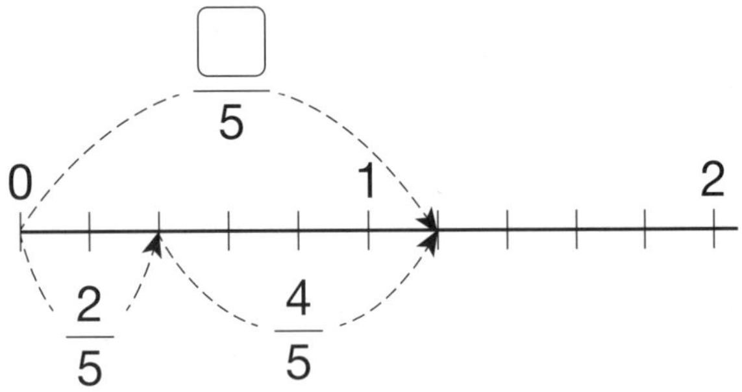

$\frac{2}{5}+\frac{4}{5}=\frac{\square+\square}{5}$

$=\frac{\square}{5}=\square\frac{\square}{5}$

2

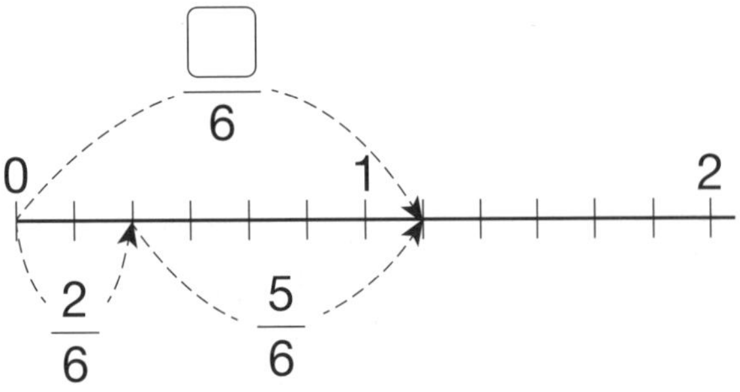

$\frac{2}{6}+\frac{5}{6}=\frac{\square+\square}{6}$

$=\frac{\square}{6}=\square\frac{\square}{6}$

4

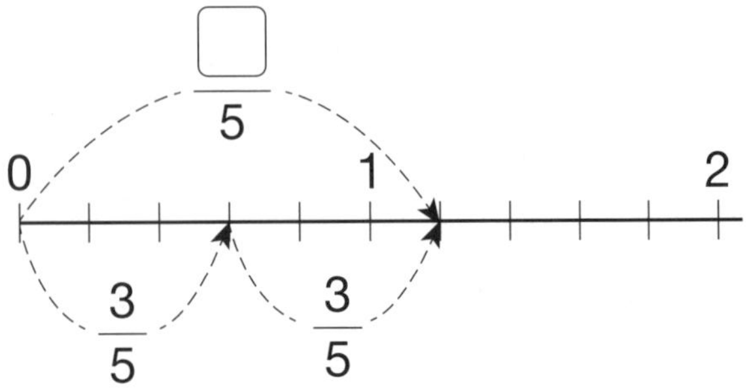

$\frac{3}{5}+\frac{3}{5}=\frac{\square+\square}{5}$

$=\frac{\square}{5}=\square\frac{\square}{5}$

정답 92쪽

공부한 날짜	맞힌 개수	걸린 시간
월 일	/25	분

덧셈을 하세요.

5 $\frac{8}{10}+\frac{9}{10}$

12 $\frac{3}{5}+\frac{4}{5}$

19 $\frac{6}{10}+\frac{6}{10}$

6 $\frac{2}{4}+\frac{3}{4}$

13 $\frac{5}{9}+\frac{7}{9}$

20 $\frac{4}{7}+\frac{4}{7}$

7 $\frac{3}{8}+\frac{7}{8}$

14 $\frac{5}{9}+\frac{5}{9}$

21 $\frac{6}{9}+\frac{7}{9}$

8 $\frac{5}{10}+\frac{7}{10}$

15 $\frac{3}{6}+\frac{5}{6}$

22 $\frac{9}{10}+\frac{7}{10}$

9 $\frac{5}{11}+\frac{10}{11}$

16 $\frac{6}{7}+\frac{4}{7}$

23 $\frac{4}{9}+\frac{7}{9}$

10 $\frac{5}{6}+\frac{4}{6}$

17 $\frac{3}{9}+\frac{7}{9}$

24 $\frac{8}{10}+\frac{5}{10}$

11 $\frac{4}{8}+\frac{6}{8}$

18 $\frac{6}{10}+\frac{7}{10}$

25 $\frac{7}{11}+\frac{10}{11}$

03 분모가 같은 대분수의 덧셈 A

○ $3\frac{1}{4}+2\frac{2}{4}$의 계산

$$3\frac{1}{4}+2\frac{2}{4}=(3+2)+\left(\frac{1}{4}+\frac{2}{4}\right)=5+\frac{3}{4}=5\frac{3}{4}$$

자연수는 자연수끼리, 진분수는 진분수끼리 더합니다.

원리 비법 자연수와 진분수를 **따로 모아서** 각각 계산해!

□ 안에 알맞은 수를 써넣으세요.

❶ $2\frac{2}{6}+2\frac{3}{6}$

$=(\square+\square)+\left(\frac{\square}{6}+\frac{\square}{6}\right)$

$=\square\frac{\square}{6}$

❷ $2\frac{1}{3}+2\frac{1}{3}$

$=(\square+\square)+\left(\frac{\square}{3}+\frac{\square}{3}\right)$

$=\square\frac{\square}{3}$

❸ $2\frac{1}{8}+1\frac{2}{8}$

$=(\square+\square)+\left(\frac{\square}{8}+\frac{\square}{8}\right)$

$=\square\frac{\square}{8}$

❹ $2\frac{1}{6}+2\frac{2}{6}$

$=(\square+\square)+\left(\frac{\square}{6}+\frac{\square}{6}\right)$

$=\square\frac{\square}{6}$

❺ $1\frac{1}{9}+3\frac{6}{9}$

$=(\square+\square)+\left(\frac{\square}{9}+\frac{\square}{9}\right)$

$=\square\frac{\square}{9}$

❻ $2\frac{2}{6}+2\frac{3}{6}$

$=(\square+\square)+\left(\frac{\square}{6}+\frac{\square}{6}\right)$

$=\square\frac{\square}{6}$

정답 92쪽

공부한 날짜	맞힌 개수	걸린 시간
월 일	/27	분

덧셈을 하세요.

7 $1\frac{2}{8}+1\frac{3}{8}$

8 $1\frac{2}{7}+3\frac{4}{7}$

9 $2\frac{1}{9}+2\frac{1}{9}$

10 $1\frac{1}{7}+3\frac{1}{7}$

11 $1\frac{1}{3}+2\frac{1}{3}$

12 $1\frac{2}{9}+3\frac{2}{9}$

13 $1\frac{1}{7}+3\frac{5}{7}$

14 $1\frac{2}{6}+3\frac{2}{6}$

15 $2\frac{3}{9}+2\frac{5}{9}$

16 $2\frac{1}{5}+2\frac{1}{5}$

17 $1\frac{3}{9}+1\frac{5}{9}$

18 $2\frac{2}{8}+2\frac{5}{8}$

19 $1\frac{2}{7}+3\frac{3}{7}$

20 $1\frac{1}{6}+1\frac{3}{6}$

21 $1\frac{1}{9}+3\frac{3}{9}$

22 $1\frac{1}{6}+3\frac{1}{6}$

23 $1\frac{1}{8}+3\frac{4}{8}$

24 $2\frac{1}{4}+2\frac{1}{4}$

25 $2\frac{2}{9}+2\frac{5}{9}$

26 $1\frac{1}{8}+2\frac{1}{8}$

27 $2\frac{1}{9}+2\frac{2}{9}$

04 분모가 같은 대분수의 덧셈 B

○ $3\frac{1}{4}+2\frac{2}{4}$의 계산

$3\frac{1}{4}+2\frac{2}{4}=\frac{13}{4}+\frac{10}{4}=\frac{23}{4}=5\frac{3}{4}$

① 대분수를 가분수로 바꾸어 가분수끼리 더합니다.
② 계산 결과가 가분수이므로 대분수로 고쳐 줍니다.

원리 비법 대분수를 **가분수로 바꾸어** 분자끼리 더해!

□ 안에 알맞은 수를 써넣으세요.

❶ $1\frac{3}{7}+2\frac{3}{7}=\frac{\square}{7}+\frac{\square}{7}=\frac{\square}{7}=\square\frac{\square}{7}$

❷ $2\frac{3}{8}+1\frac{4}{8}=\frac{\square}{8}+\frac{\square}{8}=\frac{\square}{8}=\square\frac{\square}{8}$

❸ $1\frac{1}{4}+2\frac{2}{4}=\frac{\square}{4}+\frac{\square}{4}=\frac{\square}{4}=\square\frac{\square}{4}$

❹ $2\frac{3}{9}+2\frac{3}{9}=\frac{\square}{9}+\frac{\square}{9}=\frac{\square}{9}=\square\frac{\square}{9}$

❺ $1\frac{4}{9}+1\frac{4}{9}=\frac{\square}{9}+\frac{\square}{9}=\frac{\square}{9}=\square\frac{\square}{9}$

❻ $2\frac{1}{5}+3\frac{1}{5}=\frac{\square}{5}+\frac{\square}{5}=\frac{\square}{5}=\square\frac{\square}{5}$

❼ $1\frac{1}{6}+2\frac{3}{6}=\frac{\square}{6}+\frac{\square}{6}=\frac{\square}{6}=\square\frac{\square}{6}$

❽ $1\frac{2}{8}+2\frac{4}{8}=\frac{\square}{8}+\frac{\square}{8}=\frac{\square}{8}=\square\frac{\square}{8}$

정답 92쪽

공부한 날짜	맞힌 개수	걸린 시간
월 일	/29	분

덧셈을 하세요.

9 $1\frac{3}{9}+2\frac{5}{9}$

10 $1\frac{3}{8}+2\frac{3}{8}$

11 $2\frac{1}{7}+3\frac{1}{7}$

12 $1\frac{1}{9}+3\frac{4}{9}$

13 $1\frac{1}{6}+2\frac{2}{6}$

14 $2\frac{1}{8}+3\frac{5}{8}$

15 $2\frac{2}{9}+1\frac{2}{9}$

16 $1\frac{3}{7}+1\frac{3}{7}$

17 $2\frac{1}{5}+3\frac{2}{5}$

18 $2\frac{3}{9}+2\frac{4}{9}$

19 $1\frac{1}{4}+3\frac{1}{4}$

20 $2\frac{1}{9}+3\frac{1}{9}$

21 $1\frac{2}{7}+2\frac{2}{7}$

22 $2\frac{1}{6}+3\frac{3}{6}$

23 $1\frac{2}{6}+1\frac{2}{6}$

24 $1\frac{1}{9}+2\frac{2}{9}$

25 $2\frac{1}{7}+3\frac{3}{7}$

26 $2\frac{2}{8}+3\frac{3}{8}$

27 $1\frac{1}{3}+1\frac{1}{3}$

28 $2\frac{2}{9}+3\frac{6}{9}$

29 $2\frac{1}{4}+2\frac{2}{4}$

05 진분수 부분의 합이 1보다 큰 대분수의 덧셈 A

○ $1\frac{2}{5}+2\frac{4}{5}$의 계산

$$1\frac{2}{5}+2\frac{4}{5}=(1+2)+\left(\frac{2}{5}+\frac{4}{5}\right)=3+\frac{6}{5}=3+1\frac{1}{5}=4\frac{1}{5}$$

➡ 자연수는 자연수끼리, 진분수는 진분수끼리 더합니다.

원리 비법 자연수와 진분수를 **따로 모아서** 각각 계산해!

□ 안에 알맞은 수를 써넣으세요.

❶ $1\frac{2}{4}+1\frac{3}{4}$

$=(\square+\square)+\left(\frac{\square}{4}+\frac{\square}{4}\right)$

$=\square\frac{\square}{4}$

❷ $1\frac{3}{6}+2\frac{4}{6}$

$=(\square+\square)+\left(\frac{\square}{6}+\frac{\square}{6}\right)$

$=\square\frac{\square}{6}$

❸ $2\frac{2}{3}+2\frac{2}{3}$

$=(\square+\square)+\left(\frac{\square}{3}+\frac{\square}{3}\right)$

$=\square\frac{\square}{3}$

❹ $1\frac{2}{8}+3\frac{7}{8}$

$=(\square+\square)+\left(\frac{\square}{8}+\frac{\square}{8}\right)$

$=\square\frac{\square}{8}$

❺ $1\frac{2}{5}+2\frac{4}{5}$

$=(\square+\square)+\left(\frac{\square}{5}+\frac{\square}{5}\right)$

$=\square\frac{\square}{5}$

❻ $1\frac{2}{7}+3\frac{6}{7}$

$=(\square+\square)+\left(\frac{\square}{7}+\frac{\square}{7}\right)$

$=\square\frac{\square}{7}$

정답 93쪽

공부한 날짜	맞힌 개수	걸린 시간
월 일	/27	분

덧셈을 하세요.

⑦ $1\frac{4}{6}+2\frac{5}{6}$

⑧ $2\frac{3}{5}+3\frac{3}{5}$

⑨ $1\frac{4}{6}+3\frac{4}{6}$

⑩ $2\frac{3}{6}+3\frac{5}{6}$

⑪ $3\frac{3}{4}+3\frac{3}{4}$

⑫ $2\frac{5}{8}+2\frac{5}{8}$

⑬ $2\frac{4}{5}+2\frac{4}{5}$

⑭ $2\frac{3}{8}+2\frac{6}{8}$

⑮ $1\frac{3}{7}+3\frac{5}{7}$

⑯ $1\frac{5}{9}+3\frac{7}{9}$

⑰ $1\frac{6}{7}+3\frac{6}{7}$

⑱ $1\frac{4}{7}+3\frac{6}{7}$

⑲ $1\frac{4}{8}+3\frac{5}{8}$

⑳ $1\frac{4}{7}+1\frac{6}{7}$

㉑ $1\frac{3}{6}+3\frac{5}{6}$

㉒ $1\frac{5}{9}+3\frac{5}{9}$

㉓ $1\frac{2}{3}+2\frac{2}{3}$

㉔ $1\frac{5}{6}+3\frac{5}{6}$

㉕ $2\frac{7}{8}+3\frac{7}{8}$

㉖ $2\frac{3}{5}+3\frac{4}{5}$

㉗ $2\frac{3}{9}+2\frac{7}{9}$

06 진분수 부분의 합이 1보다 큰 대분수의 덧셈 B

∘ $1\frac{2}{5}+2\frac{4}{5}$의 계산

$$1\frac{2}{5}+2\frac{4}{5}=\frac{7}{5}+\frac{14}{5}=\frac{21}{5}=4\frac{1}{5}$$

① 대분수를 가분수로 바꾸어 가분수끼리 더합니다.
② 계산 결과가 가분수이므로 대분수로 고쳐 줍니다.

원리 비법 대분수를 **가분수로 바꾸어** 분자끼리 더해!

□ 안에 알맞은 수를 써넣으세요.

❶ $3\frac{4}{6}+3\frac{5}{6}=\frac{\square}{6}+\frac{\square}{6}=\frac{\square}{6}=\square\frac{\square}{6}$

❷ $1\frac{2}{3}+1\frac{2}{3}=\frac{\square}{3}+\frac{\square}{3}=\frac{\square}{3}=\square\frac{\square}{3}$

❸ $1\frac{4}{5}+3\frac{4}{5}=\frac{\square}{5}+\frac{\square}{5}=\frac{\square}{5}=\square\frac{\square}{5}$

❹ $1\frac{8}{9}+2\frac{8}{9}=\frac{\square}{9}+\frac{\square}{9}=\frac{\square}{9}=\square\frac{\square}{9}$

❺ $2\frac{3}{4}+3\frac{3}{4}=\frac{\square}{4}+\frac{\square}{4}=\frac{\square}{4}=\square\frac{\square}{4}$

❻ $1\frac{6}{8}+3\frac{7}{8}=\frac{\square}{8}+\frac{\square}{8}=\frac{\square}{8}=\square\frac{\square}{8}$

❼ $1\frac{4}{9}+2\frac{7}{9}=\frac{\square}{9}+\frac{\square}{9}=\frac{\square}{9}=\square\frac{\square}{9}$

❽ $2\frac{4}{7}+3\frac{4}{7}=\frac{\square}{7}+\frac{\square}{7}=\frac{\square}{7}=\square\frac{\square}{7}$

정답 93쪽

공부한 날짜	맞힌 개수	걸린 시간
월 일	/29	분

덧셈을 하세요.

9 $1\frac{3}{9}+2\frac{7}{9}$

10 $1\frac{6}{9}+1\frac{7}{9}$

11 $1\frac{3}{4}+3\frac{3}{4}$

12 $2\frac{4}{8}+2\frac{7}{8}$

13 $2\frac{2}{6}+3\frac{5}{6}$

14 $2\frac{8}{9}+2\frac{8}{9}$

15 $2\frac{5}{8}+3\frac{7}{8}$

16 $1\frac{2}{5}+3\frac{4}{5}$

17 $1\frac{2}{8}+1\frac{7}{8}$

18 $2\frac{3}{7}+3\frac{5}{7}$

19 $1\frac{4}{7}+3\frac{5}{7}$

20 $2\frac{5}{9}+2\frac{8}{9}$

21 $1\frac{3}{8}+2\frac{6}{8}$

22 $2\frac{6}{7}+3\frac{6}{7}$

23 $2\frac{4}{7}+3\frac{6}{7}$

24 $2\frac{2}{3}+3\frac{2}{3}$

25 $2\frac{7}{9}+3\frac{7}{9}$

26 $1\frac{5}{9}+3\frac{6}{9}$

27 $3\frac{2}{5}+3\frac{4}{5}$

28 $1\frac{3}{5}+1\frac{4}{5}$

29 $1\frac{2}{4}+2\frac{3}{4}$

01 분모가 같은 진분수의 뺄셈 A

○ $\frac{5}{6}-\frac{3}{6}$의 계산

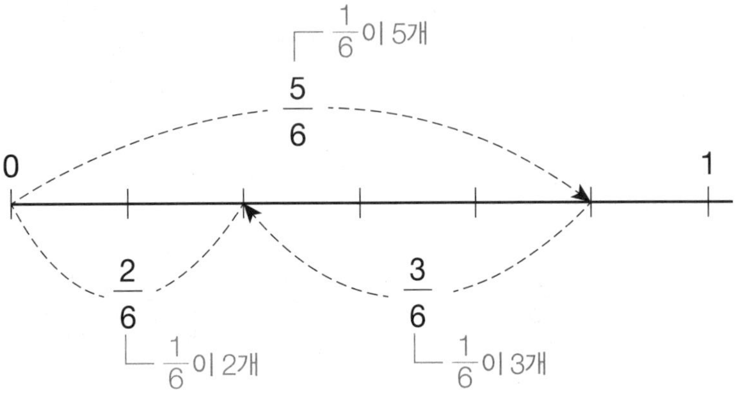

$$\frac{5}{6}-\frac{3}{6}=\frac{5-3}{6}=\frac{2}{6}$$

6으로 똑같이 나눈 것 중 5개에서 3개를 뺀 것이므로 분자끼리 뺍니다.

원리 비법 분모는 그대로 두고 **분자끼리만 빼!**

□ 안에 알맞은 수를 써넣으세요.

1

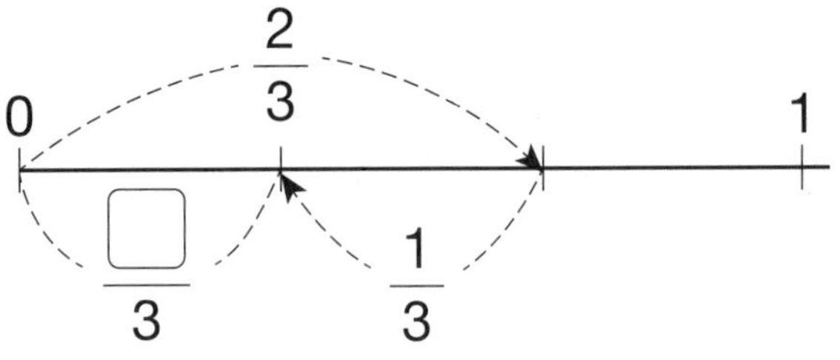

$$\frac{2}{3}-\frac{1}{3}=\frac{\square-\square}{3}=\frac{\square}{3}$$

2

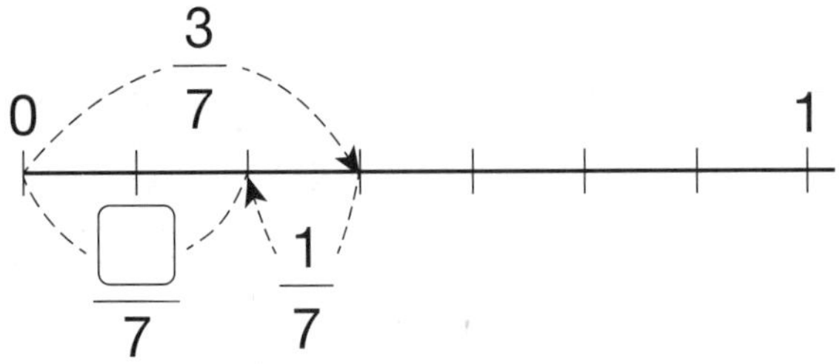

$$\frac{3}{7}-\frac{1}{7}=\frac{\square-\square}{7}=\frac{\square}{7}$$

3

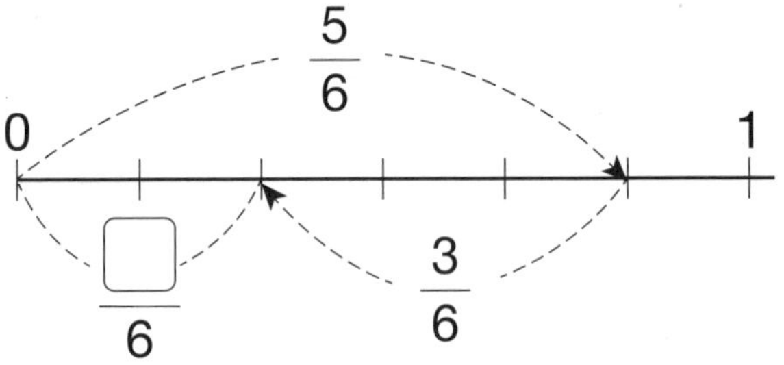

$$\frac{5}{6}-\frac{3}{6}=\frac{\square-\square}{6}=\frac{\square}{6}$$

4

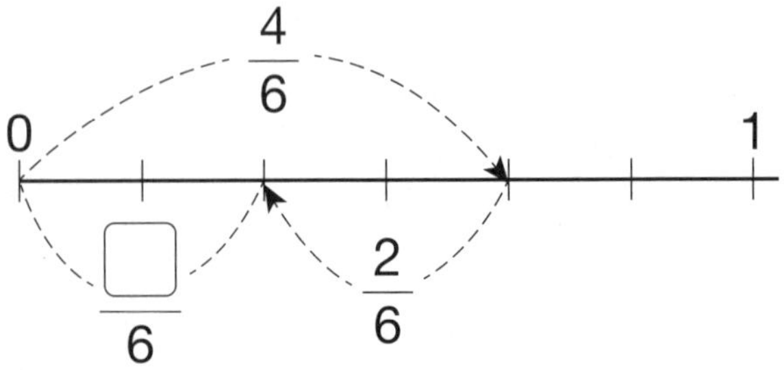

$$\frac{4}{6}-\frac{2}{6}=\frac{\square-\square}{6}=\frac{\square}{6}$$

정답 94쪽

공부한 날짜	맞힌 개수	걸린 시간
월 일	/10	분

□ 안에 알맞은 수를 써넣으세요.

5

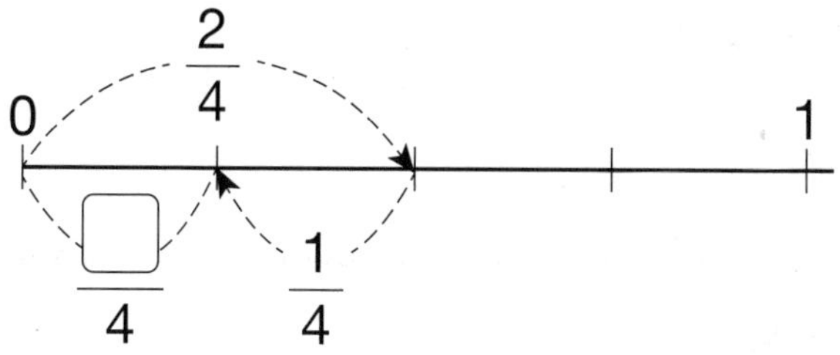

$$\frac{2}{4}-\frac{1}{4}=\frac{□-□}{4}=\frac{□}{4}$$

8

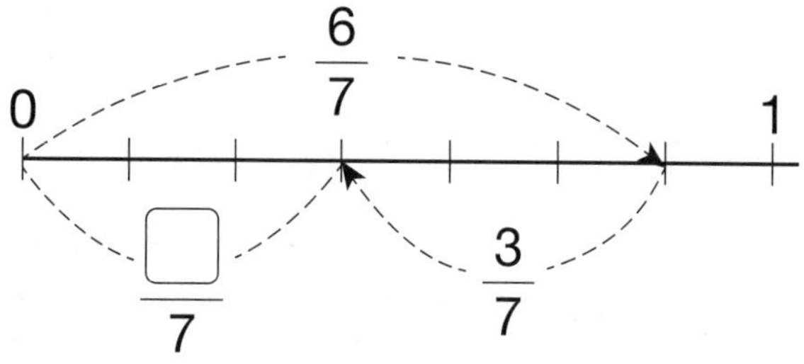

$$\frac{6}{7}-\frac{3}{7}=\frac{□-□}{7}=\frac{□}{7}$$

6

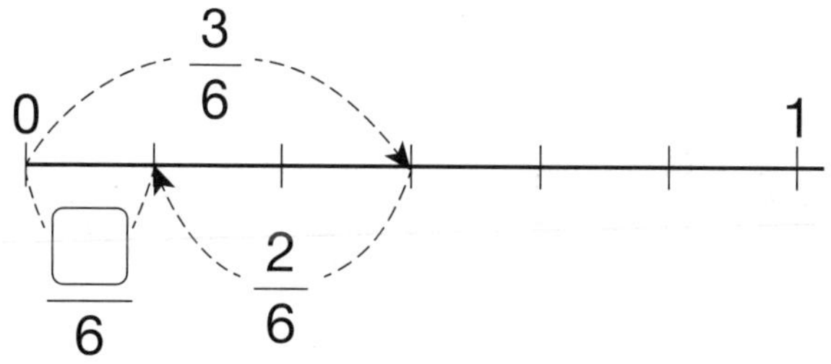

$$\frac{3}{6}-\frac{2}{6}=\frac{□-□}{6}=\frac{□}{6}$$

9

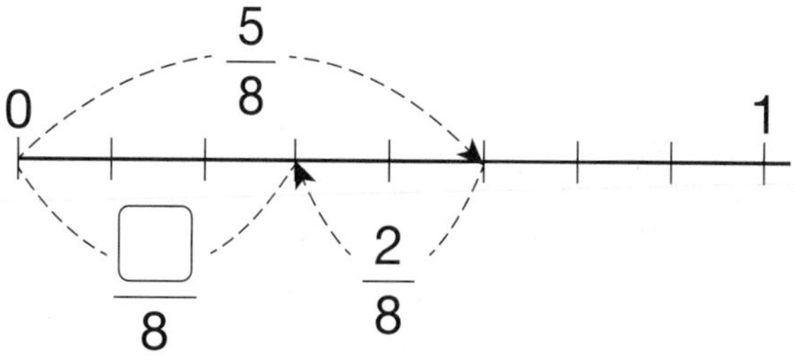

$$\frac{5}{8}-\frac{2}{8}=\frac{□-□}{8}=\frac{□}{8}$$

7

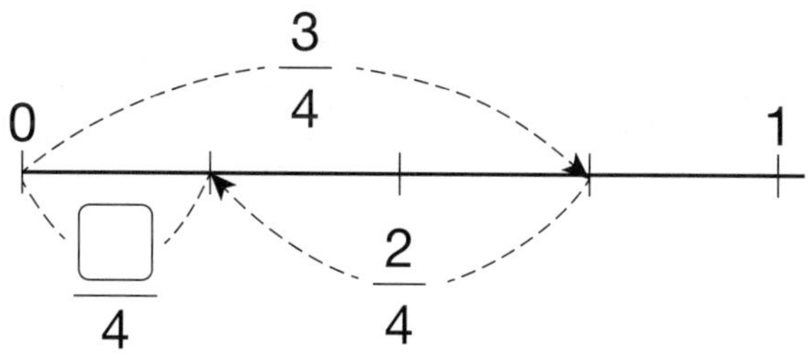

$$\frac{3}{4}-\frac{2}{4}=\frac{□-□}{4}=\frac{□}{4}$$

10

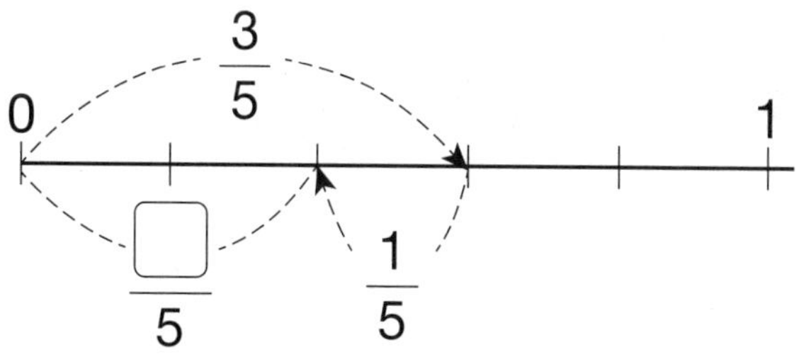

$$\frac{3}{5}-\frac{1}{5}=\frac{□-□}{5}=\frac{□}{5}$$

02 분모가 같은 진분수의 뺄셈 B

- $\frac{6}{8}-\frac{1}{8}$의 계산

$$\frac{6}{8}-\frac{1}{8}=\frac{6-1}{8}=\frac{5}{8}$$

분모가 같을 때에는 분모는 그대로 쓰고 분자끼리 뺍니다.

원리 비법 분자끼리의 뺄셈은 **자연수의 뺄셈**과 같아!

□ 안에 알맞은 수를 써넣으세요.

1. $\frac{5}{7}-\frac{4}{7}=\frac{\square-\square}{7}=\frac{\square}{7}$

2. $\frac{3}{4}-\frac{1}{4}=\frac{\square-\square}{4}=\frac{\square}{4}$

3. $\frac{3}{6}-\frac{2}{6}=\frac{\square-\square}{6}=\frac{\square}{6}$

4. $\frac{7}{9}-\frac{6}{9}=\frac{\square-\square}{9}=\frac{\square}{9}$

5. $\frac{7}{8}-\frac{2}{8}=\frac{\square-\square}{8}=\frac{\square}{8}$

6. $\frac{4}{5}-\frac{2}{5}=\frac{\square-\square}{5}=\frac{\square}{5}$

7. $\frac{5}{6}-\frac{3}{6}=\frac{\square-\square}{6}=\frac{\square}{6}$

8. $\frac{4}{7}-\frac{2}{7}=\frac{\square-\square}{7}=\frac{\square}{7}$

9. $\frac{2}{3}-\frac{1}{3}=\frac{\square-\square}{3}=\frac{\square}{3}$

10. $\frac{5}{6}-\frac{1}{6}=\frac{\square-\square}{6}=\frac{\square}{6}$

정답 94쪽

공부한 날짜	맞힌 개수	걸린 시간
월 일	/31	분

뺄셈을 하세요.

⑪ $\frac{4}{6}-\frac{2}{6}$

⑫ $\frac{8}{9}-\frac{5}{9}$

⑬ $\frac{8}{10}-\frac{4}{10}$

⑭ $\frac{3}{7}-\frac{2}{7}$

⑮ $\frac{3}{7}-\frac{1}{7}$

⑯ $\frac{6}{8}-\frac{1}{8}$

⑰ $\frac{4}{8}-\frac{3}{8}$

⑱ $\frac{8}{10}-\frac{1}{10}$

⑲ $\frac{3}{6}-\frac{1}{6}$

⑳ $\frac{6}{10}-\frac{3}{10}$

㉑ $\frac{5}{8}-\frac{3}{8}$

㉒ $\frac{6}{7}-\frac{3}{7}$

㉓ $\frac{5}{6}-\frac{4}{6}$

㉔ $\frac{8}{9}-\frac{3}{9}$

㉕ $\frac{4}{5}-\frac{3}{5}$

㉖ $\frac{4}{9}-\frac{1}{9}$

㉗ $\frac{5}{7}-\frac{2}{7}$

㉘ $\frac{3}{4}-\frac{2}{4}$

㉙ $\frac{3}{8}-\frac{2}{8}$

㉚ $\frac{7}{9}-\frac{3}{9}$

㉛ $\frac{4}{6}-\frac{3}{6}$

03 (대분수)−(대분수) A

○ $4\frac{3}{4}-2\frac{2}{4}$의 계산

$$4\frac{3}{4}-2\frac{2}{4}=(4-2)+\left(\frac{3}{4}-\frac{2}{4}\right)=2+\frac{1}{4}=2\frac{1}{4}$$

➡ 자연수는 자연수끼리, 진분수는 진분수끼리 뺍니다.

원리 비법 자연수와 진분수를 **따로 모아서** 각각 계산해!

□ 안에 알맞은 수를 써넣으세요.

❶ $5\frac{5}{6}-1\frac{4}{6}$

$=(\square-\square)+\left(\frac{\square}{6}-\frac{\square}{6}\right)$

$=\square\frac{\square}{6}$

❷ $5\frac{6}{7}-1\frac{3}{7}$

$=(\square-\square)+\left(\frac{\square}{7}-\frac{\square}{7}\right)$

$=\square\frac{\square}{7}$

❸ $5\frac{2}{3}-1\frac{1}{3}$

$=(\square-\square)+\left(\frac{\square}{3}-\frac{\square}{3}\right)$

$=\square\frac{\square}{3}$

❹ $5\frac{3}{4}-1\frac{2}{4}$

$=(\square-\square)+\left(\frac{\square}{4}-\frac{\square}{4}\right)$

$=\square\frac{\square}{4}$

❺ $5\frac{6}{7}-1\frac{5}{7}$

$=(\square-\square)+\left(\frac{\square}{7}-\frac{\square}{7}\right)$

$=\square\frac{\square}{7}$

❻ $4\frac{3}{6}-2\frac{1}{6}$

$=(\square-\square)+\left(\frac{\square}{6}-\frac{\square}{6}\right)$

$=\square\frac{\square}{6}$

정답 94쪽

공부한 날짜	맞힌 개수	걸린 시간
월 일	/27	분

빨셈을 하세요.

⑦ $4\frac{4}{5}-1\frac{3}{5}$

⑧ $5\frac{6}{7}-2\frac{1}{7}$

⑨ $5\frac{2}{5}-2\frac{1}{5}$

⑩ $4\frac{4}{7}-2\frac{3}{7}$

⑪ $5\frac{5}{6}-1\frac{2}{6}$

⑫ $5\frac{4}{5}-2\frac{1}{5}$

⑬ $5\frac{3}{6}-2\frac{1}{6}$

⑭ $5\frac{3}{7}-1\frac{2}{7}$

⑮ $4\frac{2}{6}-1\frac{1}{6}$

⑯ $5\frac{4}{5}-1\frac{2}{5}$

⑰ $4\frac{2}{3}-1\frac{1}{3}$

⑱ $5\frac{3}{7}-1\frac{2}{7}$

⑲ $4\frac{3}{5}-2\frac{2}{5}$

⑳ $5\frac{3}{6}-1\frac{2}{6}$

㉑ $5\frac{4}{6}-2\frac{2}{6}$

㉒ $4\frac{2}{4}-2\frac{1}{4}$

㉓ $5\frac{4}{6}-2\frac{3}{6}$

㉔ $5\frac{6}{7}-1\frac{4}{7}$

㉕ $3\frac{3}{4}-1\frac{1}{4}$

㉖ $5\frac{3}{4}-2\frac{2}{4}$

㉗ $4\frac{5}{6}-2\frac{1}{6}$

04 (대분수)−(대분수) B

○ $4\frac{3}{4}-2\frac{2}{4}$의 계산

$4\frac{3}{4}-2\frac{2}{4}=\frac{19}{4}-\frac{10}{4}=\frac{9}{4}=2\frac{1}{4}$

① 대분수를 가분수로 바꾸어 가분수끼리 뺍니다.
② 계산 결과가 가분수이므로 대분수로 고쳐 줍니다.

원리 비법 대분수를 **가분수로 바꾸어** 분자끼리 빼!

□ 안에 알맞은 수를 써넣으세요.

❶ $3\frac{5}{6}-1\frac{4}{6}=\frac{□}{6}-\frac{□}{6}=\frac{□}{6}=□\frac{□}{6}$

❷ $5\frac{2}{3}-2\frac{1}{3}=\frac{□}{3}-\frac{□}{3}=\frac{□}{3}=□\frac{□}{3}$

❸ $5\frac{3}{5}-3\frac{2}{5}=\frac{□}{5}-\frac{□}{5}=\frac{□}{5}=□\frac{□}{5}$

❹ $4\frac{3}{6}-1\frac{2}{6}=\frac{□}{6}-\frac{□}{6}=\frac{□}{6}=□\frac{□}{6}$

❺ $5\frac{3}{4}-3\frac{2}{4}=\frac{□}{4}-\frac{□}{4}=\frac{□}{4}=□\frac{□}{4}$

❻ $5\frac{5}{6}-2\frac{1}{6}=\frac{□}{6}-\frac{□}{6}=\frac{□}{6}=□\frac{□}{6}$

❼ $5\frac{6}{7}-3\frac{4}{7}=\frac{□}{7}-\frac{□}{7}=\frac{□}{7}=□\frac{□}{7}$

❽ $5\frac{4}{5}-1\frac{3}{5}=\frac{□}{5}-\frac{□}{5}=\frac{□}{5}=□\frac{□}{5}$

정답 94쪽

공부한 날짜	맞힌 개수	걸린 시간
월 일	/29	분

빨셈을 하세요.

9. $5\frac{6}{7}-3\frac{3}{7}$

10. $5\frac{3}{6}-2\frac{2}{6}$

11. $5\frac{3}{5}-2\frac{1}{5}$

12. $5\frac{4}{6}-3\frac{3}{6}$

13. $4\frac{4}{7}-2\frac{1}{7}$

14. $4\frac{5}{6}-1\frac{3}{6}$

15. $5\frac{3}{4}-3\frac{1}{4}$

16. $3\frac{6}{7}-1\frac{5}{7}$

17. $4\frac{4}{5}-2\frac{2}{5}$

18. $4\frac{4}{7}-1\frac{2}{7}$

19. $3\frac{2}{3}-1\frac{1}{3}$

20. $4\frac{5}{7}-1\frac{2}{7}$

21. $5\frac{3}{6}-1\frac{1}{6}$

22. $4\frac{6}{7}-1\frac{5}{7}$

23. $4\frac{3}{5}-1\frac{1}{5}$

24. $5\frac{5}{7}-2\frac{4}{7}$

25. $5\frac{5}{6}-3\frac{2}{6}$

26. $5\frac{2}{7}-2\frac{1}{7}$

27. $4\frac{3}{4}-1\frac{1}{4}$

28. $5\frac{4}{5}-1\frac{1}{5}$

29. $5\frac{4}{6}-2\frac{1}{6}$

05 (대분수)−(가분수) A

○ $4\frac{4}{5}-\frac{11}{5}$의 계산

$$4\frac{4}{5}-\frac{11}{5}=\frac{24}{5}-\frac{11}{5}=\frac{13}{5}=2\frac{3}{5}$$

➡ 분자끼리 뺄 수 없으므로 대분수를 가분수로 바꾸어 계산합니다.

원리 비법 계산 결과가 **가분수이면 대분수로** 바꿔 줘!

□ 안에 알맞은 수를 써넣으세요.

❶ $4\frac{3}{6}-\frac{14}{6}=\frac{\square}{6}-\frac{14}{6}=\frac{\square}{6}=\square\frac{\square}{6}$

❷ $5\frac{2}{3}-\frac{7}{3}=\frac{\square}{3}-\frac{7}{3}=\frac{\square}{3}=\square\frac{\square}{3}$

❸ $4\frac{4}{5}-\frac{11}{5}=\frac{\square}{5}-\frac{11}{5}=\frac{\square}{5}=\square\frac{\square}{5}$

❹ $5\frac{3}{5}-\frac{6}{5}=\frac{\square}{5}-\frac{6}{5}=\frac{\square}{5}=\square\frac{\square}{5}$

❺ $5\frac{2}{4}-\frac{9}{4}=\frac{\square}{4}-\frac{9}{4}=\frac{\square}{4}=\square\frac{\square}{4}$

❻ $4\frac{4}{6}-\frac{13}{6}=\frac{\square}{6}-\frac{13}{6}=\frac{\square}{6}=\square\frac{\square}{6}$

❼ $5\frac{6}{7}-\frac{19}{7}=\frac{\square}{7}-\frac{19}{7}=\frac{\square}{7}=\square\frac{\square}{7}$

❽ $5\frac{3}{4}-\frac{10}{4}=\frac{\square}{4}-\frac{10}{4}=\frac{\square}{4}=\square\frac{\square}{4}$

정답 95쪽

공부한 날짜	맞힌 개수	걸린 시간
월 일	/29	분

◆ 뺄셈을 하세요.

⑨ $5\frac{3}{5}-\frac{12}{5}$

⑩ $5\frac{2}{6}-\frac{7}{6}$

⑪ $4\frac{4}{5}-\frac{8}{5}$

⑫ $5\frac{5}{6}-\frac{10}{6}$

⑬ $5\frac{3}{6}-\frac{7}{6}$

⑭ $5\frac{3}{4}-\frac{13}{4}$

⑮ $5\frac{5}{7}-\frac{17}{7}$

⑯ $5\frac{5}{7}-\frac{9}{7}$

⑰ $4\frac{2}{3}-\frac{4}{3}$

⑱ $4\frac{3}{7}-\frac{9}{7}$

⑲ $5\frac{4}{7}-\frac{16}{7}$

⑳ $4\frac{6}{7}-\frac{11}{7}$

㉑ $4\frac{6}{7}-\frac{12}{7}$

㉒ $4\frac{3}{5}-\frac{12}{5}$

㉓ $5\frac{5}{6}-\frac{7}{6}$

㉔ $4\frac{6}{7}-\frac{16}{7}$

㉕ $5\frac{3}{6}-\frac{13}{6}$

㉖ $4\frac{3}{4}-\frac{9}{4}$

㉗ $4\frac{4}{6}-\frac{13}{6}$

㉘ $4\frac{5}{7}-\frac{18}{7}$

㉙ $5\frac{4}{7}-\frac{17}{7}$

06 (자연수)−(대분수) A

○ $4-2\frac{3}{5}$의 계산

$$4-2\frac{3}{5}=3\frac{5}{5}-2\frac{3}{5}$$
$$=(3-2)+\left(\frac{5}{5}-\frac{3}{5}\right)=1+\frac{2}{5}=1\frac{2}{5}$$

① 4에서 $2\frac{3}{5}$을 빼야 하므로 4를 $3\frac{5}{5}$로 고쳐 줍니다.

② $3\frac{5}{5}-2\frac{3}{5}$을 계산합니다.

원리 비법 빼는 대분수와 **같은 분모로** 고쳐 줘야 해!

□ 안에 알맞은 수를 써넣으세요.

❶ $5-1\frac{2}{4}=4\frac{\square}{4}-1\frac{2}{4}$
$=(\square-\square)+\left(\frac{\square}{4}-\frac{\square}{4}\right)$
$=\square\frac{\square}{4}$

❷ $3-1\frac{3}{5}=2\frac{\square}{5}-1\frac{3}{5}$
$=(\square-\square)+\left(\frac{\square}{5}-\frac{\square}{5}\right)$
$=\square\frac{\square}{5}$

❸ $5-3\frac{1}{4}=4\frac{\square}{4}-3\frac{1}{4}$
$=(\square-\square)+\left(\frac{\square}{4}-\frac{\square}{4}\right)$
$=\square\frac{\square}{4}$

❹ $5-2\frac{1}{7}=4\frac{\square}{7}-2\frac{1}{7}$
$=(\square-\square)+\left(\frac{\square}{7}-\frac{\square}{7}\right)$
$=\square\frac{\square}{7}$

❺ $5-3\frac{1}{3}=4\frac{\square}{3}-3\frac{1}{3}$
$=(\square-\square)+\left(\frac{\square}{3}-\frac{\square}{3}\right)$
$=\square\frac{\square}{3}$

❻ $5-1\frac{2}{7}=4\frac{\square}{7}-1\frac{2}{7}$
$=(\square-\square)+\left(\frac{\square}{7}-\frac{\square}{7}\right)$
$=\square\frac{\square}{7}$

정답 95쪽

공부한 날짜	맞힌 개수	걸린 시간
월 일	/27	분

빼셈을 하세요.

7 $5-1\frac{1}{7}$

14 $9-2\frac{2}{7}$

21 $5-1\frac{1}{4}$

8 $8-1\frac{1}{5}$

15 $5-2\frac{3}{6}$

22 $3-1\frac{4}{7}$

9 $3-1\frac{2}{7}$

16 $7-1\frac{1}{3}$

23 $6-2\frac{2}{6}$

10 $4-1\frac{1}{6}$

17 $4-2\frac{3}{7}$

24 $6-1\frac{2}{5}$

11 $8-2\frac{1}{4}$

18 $7-3\frac{4}{6}$

25 $9-1\frac{3}{6}$

12 $5-1\frac{1}{5}$

19 $6-1\frac{2}{7}$

26 $5-3\frac{2}{4}$

13 $9-1\frac{3}{7}$

20 $3-1\frac{3}{6}$

27 $4-2\frac{3}{5}$

07 (자연수)−(대분수) B

○ $4-2\frac{3}{5}$의 계산

$4-2\frac{3}{5}=\frac{20}{5}-\frac{13}{5}=\frac{7}{5}=1\frac{2}{5}$

자연수 → 가분수

① 4와 $2\frac{3}{5}$을 모두 가분수로 고쳐 줍니다.

② $\frac{20}{5}-\frac{13}{5}$을 계산합니다.

원리 비법 자연수를 **가분수로 바꾸어** 계산해!

□ 안에 알맞은 수를 써넣으세요.

❶ $6-1\frac{3}{5}=\frac{\square}{5}-\frac{\square}{5}=\frac{\square}{5}=\square\frac{\square}{5}$

❷ $10-2\frac{1}{3}=\frac{\square}{3}-\frac{\square}{3}=\frac{\square}{3}=\square\frac{\square}{3}$

❸ $4-1\frac{2}{7}=\frac{\square}{7}-\frac{\square}{7}=\frac{\square}{7}=\square\frac{\square}{7}$

❹ $9-2\frac{1}{6}=\frac{\square}{6}-\frac{\square}{6}=\frac{\square}{6}=\square\frac{\square}{6}$

❺ $8-1\frac{4}{7}=\frac{\square}{7}-\frac{\square}{7}=\frac{\square}{7}=\square\frac{\square}{7}$

❻ $9-1\frac{2}{6}=\frac{\square}{6}-\frac{\square}{6}=\frac{\square}{6}=\square\frac{\square}{6}$

❼ $5-1\frac{2}{4}=\frac{\square}{4}-\frac{\square}{4}=\frac{\square}{4}=\square\frac{\square}{4}$

❽ $3-1\frac{2}{5}=\frac{\square}{5}-\frac{\square}{5}=\frac{\square}{5}=\square\frac{\square}{5}$

정답 95쪽

공부한 날짜	맞힌 개수	걸린 시간
월 일	/29	분

빨셈을 하세요.

⑨ $6-2\frac{1}{4}$

⑩ $5-1\frac{1}{5}$

⑪ $8-1\frac{1}{6}$

⑫ $5-2\frac{1}{4}$

⑬ $7-2\frac{2}{7}$

⑭ $4-2\frac{2}{5}$

⑮ $5-1\frac{2}{6}$

⑯ $4-2\frac{4}{6}$

⑰ $5-2\frac{1}{6}$

⑱ $6-1\frac{1}{3}$

⑲ $5-2\frac{1}{5}$

⑳ $5-2\frac{3}{7}$

㉑ $5-2\frac{1}{6}$

㉒ $5-2\frac{3}{7}$

㉓ $9-2\frac{2}{7}$

㉔ $4-1\frac{2}{4}$

㉕ $6-2\frac{1}{6}$

㉖ $4-2\frac{3}{7}$

㉗ $7-2\frac{1}{5}$

㉘ $5-1\frac{4}{7}$

㉙ $6-3\frac{1}{4}$

08 받아내림이 있는 대분수끼리의 뺄셈 A

○ $3\frac{1}{4}-1\frac{3}{4}$의 계산

$$3\frac{1}{4}-1\frac{3}{4}=2\frac{5}{4}-1\frac{3}{4}$$
$$=(2-1)+\left(\frac{5}{4}-\frac{3}{4}\right)=1+\frac{2}{4}=1\frac{2}{4}$$

① $\frac{1}{4}$에서 $\frac{3}{4}$을 뺄 수 없으므로 $3\frac{1}{4}$을 $2\frac{5}{4}$로 고쳐 줍니다.

② $2\frac{5}{4}-1\frac{3}{4}$을 계산합니다.

원리 비법 자연수에서 **1만큼**을 분수로 바꾸어 계산해!

□ 안에 알맞은 수를 써넣으세요.

1. $5\frac{1}{5}-3\frac{2}{5}=4\frac{\square}{5}-3\frac{2}{5}$
$=(\square-\square)+\left(\frac{\square}{5}-\frac{\square}{5}\right)$
$=\square\frac{\square}{5}$

2. $4\frac{4}{6}-1\frac{5}{6}=3\frac{\square}{6}-1\frac{5}{6}$
$=(\square-\square)+\left(\frac{\square}{6}-\frac{\square}{6}\right)$
$=\square\frac{\square}{6}$

3. $5\frac{1}{7}-1\frac{2}{7}=4\frac{\square}{7}-1\frac{2}{7}$
$=(\square-\square)+\left(\frac{\square}{7}-\frac{\square}{7}\right)$
$=\square\frac{\square}{7}$

4. $4\frac{2}{7}-2\frac{3}{7}=3\frac{\square}{7}-2\frac{3}{7}$
$=(\square-\square)+\left(\frac{\square}{7}-\frac{\square}{7}\right)$
$=\square\frac{\square}{7}$

5. $3\frac{2}{6}-1\frac{5}{6}=2\frac{\square}{6}-1\frac{5}{6}$
$=(\square-\square)+\left(\frac{\square}{6}-\frac{\square}{6}\right)$
$=\square\frac{\square}{6}$

6. $4\frac{1}{4}-2\frac{2}{4}=3\frac{\square}{4}-2\frac{2}{4}$
$=(\square-\square)+\left(\frac{\square}{4}-\frac{\square}{4}\right)$
$=\square\frac{\square}{4}$

정답 95쪽

공부한 날짜	맞힌 개수	걸린 시간
월 일	/27	분

빨셈을 하세요.

⑦ $4\frac{2}{7}-2\frac{3}{7}$

⑧ $4\frac{2}{6}-1\frac{4}{6}$

⑨ $3\frac{1}{3}-1\frac{2}{3}$

⑩ $4\frac{3}{7}-1\frac{4}{7}$

⑪ $3\frac{3}{5}-1\frac{4}{5}$

⑫ $3\frac{2}{7}-1\frac{5}{7}$

⑬ $3\frac{2}{4}-1\frac{3}{4}$

⑭ $5\frac{2}{6}-2\frac{3}{6}$

⑮ $5\frac{1}{4}-2\frac{2}{4}$

⑯ $5\frac{1}{7}-2\frac{4}{7}$

⑰ $3\frac{1}{4}-1\frac{2}{4}$

⑱ $4\frac{1}{6}-1\frac{3}{6}$

⑲ $3\frac{1}{5}-1\frac{3}{5}$

⑳ $5\frac{1}{7}-2\frac{6}{7}$

㉑ $4\frac{2}{5}-1\frac{3}{5}$

㉒ $5\frac{5}{7}-1\frac{6}{7}$

㉓ $4\frac{2}{4}-2\frac{3}{4}$

㉔ $4\frac{2}{6}-2\frac{5}{6}$

㉕ $4\frac{2}{7}-2\frac{4}{7}$

㉖ $5\frac{3}{6}-2\frac{5}{6}$

㉗ $4\frac{2}{5}-1\frac{4}{5}$

09 받아내림이 있는 대분수끼리의 뺄셈 B

o $3\frac{1}{4}-1\frac{3}{4}$의 계산

$$3\frac{1}{4}-1\frac{3}{4}=\frac{13}{4}-\frac{7}{4}$$
$$=\frac{6}{4}=1\frac{2}{4}$$

① $\frac{1}{4}$에서 $\frac{3}{4}$을 뺄 수 없으므로 대분수를 가분수로 모두 고쳐 줍니다.

② $\frac{13}{4}-\frac{7}{4}$을 계산합니다.

원리 비법 대분수를 **가분수**로 바꾸어 계산해!

□ 안에 알맞은 수를 써넣으세요.

❶ $5\frac{1}{5}-2\frac{4}{5}=\frac{\square}{5}-\frac{\square}{5}$
$=\frac{\square}{5}=\square\frac{\square}{5}$

❷ $3\frac{2}{4}-1\frac{3}{4}=\frac{\square}{4}-\frac{\square}{4}$
$=\frac{\square}{4}=\square\frac{\square}{4}$

❸ $5\frac{1}{3}-3\frac{2}{3}=\frac{\square}{3}-\frac{\square}{3}$
$=\frac{\square}{3}=\square\frac{\square}{3}$

❹ $4\frac{1}{4}-1\frac{2}{4}=\frac{\square}{4}-\frac{\square}{4}$
$=\frac{\square}{4}=\square\frac{\square}{4}$

❺ $5\frac{1}{3}-1\frac{2}{3}=\frac{\square}{3}-\frac{\square}{3}$
$=\frac{\square}{3}=\square\frac{\square}{3}$

❻ $4\frac{2}{7}-1\frac{3}{7}=\frac{\square}{7}-\frac{\square}{7}$
$=\frac{\square}{7}=\square\frac{\square}{7}$

❼ $4\frac{3}{5}-1\frac{4}{5}=\frac{\square}{5}-\frac{\square}{5}$
$=\frac{\square}{5}=\square\frac{\square}{5}$

❽ $5\frac{1}{4}-2\frac{3}{4}=\frac{\square}{4}-\frac{\square}{4}$
$=\frac{\square}{4}=\square\frac{\square}{4}$

정답 96쪽

공부한 날짜	맞힌 개수	걸린 시간
월 일	/29	분

빼셈을 하세요.

9 $5\frac{1}{4}-3\frac{2}{4}$

16 $4\frac{2}{7}-1\frac{6}{7}$

23 $4\frac{2}{4}-1\frac{3}{4}$

10 $5\frac{3}{5}-2\frac{4}{5}$

17 $5\frac{2}{7}-2\frac{4}{7}$

24 $4\frac{1}{5}-2\frac{4}{5}$

11 $5\frac{1}{5}-2\frac{3}{5}$

18 $3\frac{1}{3}-1\frac{2}{3}$

25 $5\frac{2}{6}-2\frac{4}{6}$

12 $4\frac{1}{4}-2\frac{2}{4}$

19 $4\frac{2}{6}-2\frac{3}{6}$

26 $5\frac{2}{5}-2\frac{4}{5}$

13 $4\frac{3}{6}-2\frac{5}{6}$

20 $4\frac{1}{5}-1\frac{3}{5}$

27 $4\frac{1}{4}-2\frac{3}{4}$

14 $4\frac{4}{7}-2\frac{6}{7}$

21 $4\frac{1}{6}-2\frac{2}{6}$

28 $5\frac{2}{7}-2\frac{5}{7}$

15 $4\frac{1}{3}-2\frac{2}{3}$

22 $4\frac{2}{5}-2\frac{3}{5}$

29 $5\frac{1}{6}-2\frac{5}{6}$

01 (소수 한 자리 수)+(소수 두 자리 수) A

0.3 + 0.45의 계산

$$\begin{array}{r} 0.3 \\ +0.45 \\ \hline 5 \end{array} \Rightarrow \begin{array}{r} 0.3 \\ +0.45 \\ \hline 75 \end{array} \Rightarrow \begin{array}{r} 0.3 \\ +0.45 \\ \hline 0.75 \end{array}$$

① 소수 둘째 자리: 0+5=5
② 소수 첫째 자리: 3+4=7

원리 비법 **소수점끼리** 맞추어 세로로 써!

덧셈을 하세요.

❶ $\begin{array}{r} 0.1 \\ +0.24 \\ \hline \end{array}$

❷ $\begin{array}{r} 0.4 \\ +0.24 \\ \hline \end{array}$

❸ $\begin{array}{r} 0.5 \\ +0.19 \\ \hline \end{array}$

❹ $\begin{array}{r} 0.3 \\ +0.57 \\ \hline \end{array}$

❺ $\begin{array}{r} 0.6 \\ +0.22 \\ \hline \end{array}$

❻ $\begin{array}{r} 0.2 \\ +0.34 \\ \hline \end{array}$

❼ $\begin{array}{r} 0.4 \\ +0.41 \\ \hline \end{array}$

❽ $\begin{array}{r} 0.8 \\ +0.17 \\ \hline \end{array}$

❾ $\begin{array}{r} 0.3 \\ +0.27 \\ \hline \end{array}$

❿ $\begin{array}{r} 0.1 \\ +0.35 \\ \hline \end{array}$

⓫ $\begin{array}{r} 0.7 \\ +0.11 \\ \hline \end{array}$

⓬ $\begin{array}{r} 0.1 \\ +0.63 \\ \hline \end{array}$

정답 97쪽

공부한 날짜	맞힌 개수	걸린 시간
월 일	/33	분

덧셈을 하세요.

⑬ $0.4+0.12$

⑳ $0.7+0.19$

㉗ $0.2+0.19$

⑭ $0.1+0.75$

㉑ $0.1+0.47$

㉘ $0.2+0.57$

⑮ $0.3+0.33$

㉒ $0.5+0.34$

㉙ $0.4+0.38$

⑯ $0.2+0.61$

㉓ $0.8+0.19$

㉚ $0.3+0.15$

⑰ $0.1+0.59$

㉔ $0.3+0.45$

㉛ $0.4+0.37$

⑱ $0.3+0.29$

㉕ $0.4+0.54$

㉜ $0.2+0.22$

⑲ $0.2+0.58$

㉖ $0.6+0.19$

㉝ $0.1+0.12$

02 (소수 한 자리 수)+(소수 두 자리 수) B

0.7 +0.62의 계산

$$\begin{array}{r} 0.7 \\ +0.62 \\ \hline 2 \end{array} \Rightarrow \begin{array}{r} \overset{1}{0}.7 \\ +0.62 \\ \hline 32 \end{array} \Rightarrow \begin{array}{r} \overset{1}{0}.7 \\ +0.62 \\ \hline 1.32 \end{array}$$

① 소수 둘째 자리: 0+2=2
② 소수 첫째 자리: 7+6=13

원리 비법 합이 10이거나 10보다 크면 바로 윗자리로 **받아올림**을 해!

덧셈을 하세요.

❶ $\begin{array}{r} 0.5 \\ +0.74 \\ \hline \end{array}$

❷ $\begin{array}{r} 0.2 \\ +0.93 \\ \hline \end{array}$

❸ $\begin{array}{r} 0.7 \\ +0.38 \\ \hline \end{array}$

❹ $\begin{array}{r} 0.9 \\ +0.32 \\ \hline \end{array}$

❺ $\begin{array}{r} 0.9 \\ +0.59 \\ \hline \end{array}$

❻ $\begin{array}{r} 0.8 \\ +0.68 \\ \hline \end{array}$

❼ $\begin{array}{r} 0.6 \\ +0.68 \\ \hline \end{array}$

❽ $\begin{array}{r} 0.6 \\ +0.62 \\ \hline \end{array}$

❾ $\begin{array}{r} 0.4 \\ +0.84 \\ \hline \end{array}$

❿ $\begin{array}{r} 0.8 \\ +0.78 \\ \hline \end{array}$

⓫ $\begin{array}{r} 0.7 \\ +0.81 \\ \hline \end{array}$

⓬ $\begin{array}{r} 0.5 \\ +0.66 \\ \hline \end{array}$

정답 97쪽

공부한 날짜	맞힌 개수	걸린 시간
월 일	/33	분

덧셈을 하세요.

⑬ $0.5+0.97$

⑭ $0.7+0.61$

⑮ $0.5+0.61$

⑯ $0.5+0.93$

⑰ $0.8+0.95$

⑱ $0.6+0.74$

⑲ $0.4+0.79$

⑳ $0.3+0.78$

㉑ $0.9+0.77$

㉒ $0.8+0.96$

㉓ $0.7+0.97$

㉔ $0.5+0.84$

㉕ $0.9+0.14$

㉖ $0.7+0.45$

㉗ $0.8+0.42$

㉘ $0.4+0.66$

㉙ $0.6+0.95$

㉚ $0.7+0.47$

㉛ $0.6+0.53$

㉜ $0.3+0.96$

㉝ $0.7+0.63$

03 (소수 두 자리 수)+(소수 두 자리 수) A

0.14+0.72의 계산

$$\begin{array}{r} 0.14 \\ +0.72 \\ \hline 6 \end{array} \Rightarrow \begin{array}{r} 0.14 \\ +0.72 \\ \hline 86 \end{array} \Rightarrow \begin{array}{r} 0.14 \\ +0.72 \\ \hline 0.86 \end{array}$$

① 소수 둘째 자리: 4+2=6
② 소수 첫째 자리: 1+7=8

원리 비법 계산 결과에 **소수점**을 꼭 써 줘야 해!

덧셈을 하세요.

❶ $\begin{array}{r} 0.11 \\ +0.36 \\ \hline \end{array}$

❺ $\begin{array}{r} 0.52 \\ +0.22 \\ \hline \end{array}$

❾ $\begin{array}{r} 0.44 \\ +0.12 \\ \hline \end{array}$

❷ $\begin{array}{r} 0.32 \\ +0.26 \\ \hline \end{array}$

❻ $\begin{array}{r} 0.74 \\ +0.12 \\ \hline \end{array}$

❿ $\begin{array}{r} 0.23 \\ +0.36 \\ \hline \end{array}$

❸ $\begin{array}{r} 0.23 \\ +0.65 \\ \hline \end{array}$

❼ $\begin{array}{r} 0.63 \\ +0.22 \\ \hline \end{array}$

⓫ $\begin{array}{r} 0.51 \\ +0.42 \\ \hline \end{array}$

❹ $\begin{array}{r} 0.32 \\ +0.45 \\ \hline \end{array}$

❽ $\begin{array}{r} 0.41 \\ +0.41 \\ \hline \end{array}$

⓬ $\begin{array}{r} 0.14 \\ +0.64 \\ \hline \end{array}$

공부한 날짜	맞힌 개수	걸린 시간
월 일	/33	분

덧셈을 하세요.

⑬ 0.41+0.25

⑳ 0.17+0.51

㉗ 0.54+0.14

⑭ 0.54+0.33

㉑ 0.36+0.51

㉘ 0.13+0.24

⑮ 0.14+0.23

㉒ 0.63+0.33

㉙ 0.34+0.33

⑯ 0.61+0.21

㉓ 0.26+0.13

㉚ 0.72+0.22

⑰ 0.43+0.54

㉔ 0.43+0.44

㉛ 0.24+0.71

⑱ 0.21+0.41

㉕ 0.55+0.13

㉜ 0.45+0.32

⑲ 0.31+0.14

㉖ 0.66+0.12

㉝ 0.12+0.76

04 (소수 두 자리 수)+(소수 두 자리 수) B

0.58+0.93의 계산

$$\begin{array}{r} {\scriptstyle 1} \\ 0.58 \\ +0.93 \\ \hline 1 \end{array} \Rightarrow \begin{array}{r} {\scriptstyle 1\ 1} \\ 0.58 \\ +0.93 \\ \hline 51 \end{array} \Rightarrow \begin{array}{r} {\scriptstyle 1\ 1} \\ 0.58 \\ +0.93 \\ \hline 1.51 \end{array}$$

① 소수 둘째 자리: 8+3=11

② 소수 첫째 자리: 1+5+9=15

원리 비법 합이 10이거나 10보다 크면 바로 윗자리로 **받아올림**을 해!

덧셈을 하세요.

❶ $\begin{array}{r} 0.98 \\ +0.93 \\ \hline \end{array}$

❷ $\begin{array}{r} 0.75 \\ +0.59 \\ \hline \end{array}$

❸ $\begin{array}{r} 0.89 \\ +0.42 \\ \hline \end{array}$

❹ $\begin{array}{r} 0.76 \\ +0.75 \\ \hline \end{array}$

❺ $\begin{array}{r} 0.69 \\ +0.82 \\ \hline \end{array}$

❻ $\begin{array}{r} 0.45 \\ +0.87 \\ \hline \end{array}$

❼ $\begin{array}{r} 0.36 \\ +0.77 \\ \hline \end{array}$

❽ $\begin{array}{r} 0.66 \\ +0.66 \\ \hline \end{array}$

❾ $\begin{array}{r} 0.55 \\ +0.97 \\ \hline \end{array}$

❿ $\begin{array}{r} 0.87 \\ +0.74 \\ \hline \end{array}$

⓫ $\begin{array}{r} 0.54 \\ +0.88 \\ \hline \end{array}$

⓬ $\begin{array}{r} 0.98 \\ +0.52 \\ \hline \end{array}$

정답 97쪽

공부한 날짜	맞힌 개수	걸린 시간
월 일	/33	분

덧셈을 하세요.

⑬ 0.58+0.65

⑳ 0.95+0.76

㉗ 0.78+0.82

⑭ 0.84+0.99

㉑ 0.65+0.58

㉘ 0.68+0.74

⑮ 0.56+0.59

㉒ 0.88+0.83

㉙ 0.48+0.93

⑯ 0.76+0.67

㉓ 0.28+0.92

㉚ 0.93+0.27

⑰ 0.43+0.79

㉔ 0.84+0.67

㉛ 0.56+0.95

⑱ 0.65+0.98

㉕ 0.37+0.85

㉜ 0.76+0.98

⑲ 0.95+0.45

㉖ 0.59+0.72

㉝ 0.68+0.43

05 1보다 큰 소수 한 자리 수의 덧셈 A

1.1+1.5의 계산

$$\begin{array}{r} 1.1 \\ +1.5 \\ \hline 6 \end{array} \Rightarrow \begin{array}{r} 1.1 \\ +1.5 \\ \hline 2.6 \end{array}$$

① 소수 첫째 자리: 1+5=6
② 일의 자리: 1+1=2

원리 비법 **소수점끼리** 맞추어 세로로 써!

덧셈을 하세요.

❶ $\begin{array}{r} 1.2 \\ +2.1 \\ \hline \end{array}$

❷ $\begin{array}{r} 2.3 \\ +1.3 \\ \hline \end{array}$

❸ $\begin{array}{r} 2.7 \\ +3.2 \\ \hline \end{array}$

❹ $\begin{array}{r} 3.4 \\ +3.2 \\ \hline \end{array}$

❺ $\begin{array}{r} 3.8 \\ +2.1 \\ \hline \end{array}$

❻ $\begin{array}{r} 2.4 \\ +1.1 \\ \hline \end{array}$

❼ $\begin{array}{r} 2.1 \\ +1.7 \\ \hline \end{array}$

❽ $\begin{array}{r} 1.5 \\ +2.1 \\ \hline \end{array}$

❾ $\begin{array}{r} 3.6 \\ +3.1 \\ \hline \end{array}$

❿ $\begin{array}{r} 3.6 \\ +3.2 \\ \hline \end{array}$

⓫ $\begin{array}{r} 1.3 \\ +2.2 \\ \hline \end{array}$

⓬ $\begin{array}{r} 3.3 \\ +2.2 \\ \hline \end{array}$

정답 98쪽

공부한 날짜	맞힌 개수	걸린 시간
월 일	/33	분

덧셈을 하세요.

⑬ 3.2+3.3

⑳ 3.4+2.4

㉗ 2.2+3.7

⑭ 2.2+1.6

㉑ 2.1+1.5

㉘ 1.1+1.5

⑮ 3.2+2.4

㉒ 2.2+1.5

㉙ 3.3+3.6

⑯ 3.2+2.6

㉓ 1.1+2.5

㉚ 1.4+1.4

⑰ 1.3+2.5

㉔ 1.1+2.2

㉛ 1.4+1.5

⑱ 1.1+1.1

㉕ 2.1+3.2

㉜ 2.1+3.4

⑲ 2.5+1.1

㉖ 3.1+3.6

㉝ 2.4+3.3

06 1보다 큰 소수 한 자리 수의 덧셈 B

3.8+2.5의 계산

$$\begin{array}{r} {}^{1}\quad \\ 3.8 \\ +\,2.5 \\ \hline 3 \end{array} \Rightarrow \begin{array}{r} {}^{1}\quad \\ 3.8 \\ +\,2.5 \\ \hline 6.3 \end{array}$$

① 소수 첫째 자리: 8+5=13

② 일의 자리: 1+3+2=6

원리 비법 합이 10이거나 10보다 크면 바로 윗자리로 **받아올림**을 해!

덧셈을 하세요.

❶ $\begin{array}{r} 1.5 \\ +\,3.8 \\ \hline \end{array}$

❺ $\begin{array}{r} 3.6 \\ +\,4.8 \\ \hline \end{array}$

❾ $\begin{array}{r} 3.4 \\ +\,5.8 \\ \hline \end{array}$

❷ $\begin{array}{r} 3.2 \\ +\,2.9 \\ \hline \end{array}$

❻ $\begin{array}{r} 1.9 \\ +\,2.4 \\ \hline \end{array}$

❿ $\begin{array}{r} 5.7 \\ +\,2.3 \\ \hline \end{array}$

❸ $\begin{array}{r} 5.5 \\ +\,3.9 \\ \hline \end{array}$

❼ $\begin{array}{r} 2.4 \\ +\,2.9 \\ \hline \end{array}$

⓫ $\begin{array}{r} 1.8 \\ +\,4.7 \\ \hline \end{array}$

❹ $\begin{array}{r} 5.7 \\ +\,4.8 \\ \hline \end{array}$

❽ $\begin{array}{r} 3.6 \\ +\,3.6 \\ \hline \end{array}$

⓬ $\begin{array}{r} 5.8 \\ +\,2.3 \\ \hline \end{array}$

정답 98쪽

공부한 날짜	맞힌 개수	걸린 시간
월 일	/33	분

덧셈을 하세요.

⑬ 2.8+3.9

⑭ 3.5+1.6

⑮ 2.7+2.4

⑯ 5.3+1.8

⑰ 2.6+1.8

⑱ 4.8+4.7

⑲ 4.4+2.6

⑳ 5.2+3.8

㉑ 4.6+2.6

㉒ 5.8+3.8

㉓ 1.9+3.9

㉔ 4.4+3.7

㉕ 1.6+3.4

㉖ 4.9+2.2

㉗ 4.7+4.6

㉘ 2.4+1.8

㉙ 3.5+4.6

㉚ 5.6+4.4

㉛ 3.8+2.2

㉜ 2.7+3.8

㉝ 3.5+2.6

07 1보다 큰 소수 두 자리 수의 덧셈 A

○ 1.42+2.07의 계산

$$\begin{array}{r} 1.42 \\ +2.07 \\ \hline 9 \end{array} \Rightarrow \begin{array}{r} 1.42 \\ +2.07 \\ \hline 49 \end{array} \Rightarrow \begin{array}{r} 1.42 \\ +2.07 \\ \hline 3.49 \end{array}$$

① 소수 둘째 자리: 2+7=9
② 소수 첫째 자리: 4+0=4
③ 일의 자리: 1+2=3

원리 비법 계산 결과에 **소수점**을 꼭 써 줘야 해!

덧셈을 하세요.

❶ $\begin{array}{r} 3.37 \\ +4.32 \\ \hline \end{array}$

❷ $\begin{array}{r} 4.26 \\ +3.62 \\ \hline \end{array}$

❸ $\begin{array}{r} 2.74 \\ +2.04 \\ \hline \end{array}$

❹ $\begin{array}{r} 4.41 \\ +1.27 \\ \hline \end{array}$

❺ $\begin{array}{r} 1.15 \\ +3.42 \\ \hline \end{array}$

❻ $\begin{array}{r} 2.41 \\ +1.26 \\ \hline \end{array}$

❼ $\begin{array}{r} 3.15 \\ +3.63 \\ \hline \end{array}$

❽ $\begin{array}{r} 5.37 \\ +4.41 \\ \hline \end{array}$

❾ $\begin{array}{r} 5.04 \\ +3.73 \\ \hline \end{array}$

❿ $\begin{array}{r} 5.52 \\ +1.36 \\ \hline \end{array}$

⓫ $\begin{array}{r} 2.26 \\ +4.31 \\ \hline \end{array}$

⓬ $\begin{array}{r} 4.63 \\ +2.24 \\ \hline \end{array}$

정답 98쪽

공부한 날짜	맞힌 개수	걸린 시간
월 일	/33	분

덧셈을 하세요.

⑬ $1.63+2.05$

⑳ $3.52+2.15$

㉗ $1.48+4.11$

⑭ $4.55+3.21$

㉑ $4.56+2.13$

㉘ $2.65+3.22$

⑮ $5.15+1.41$

㉒ $4.48+1.31$

㉙ $5.64+4.14$

⑯ $4.27+4.62$

㉓ $3.73+4.02$

㉚ $5.57+2.22$

⑰ $1.18+4.31$

㉔ $1.46+2.31$

㉛ $2.12+1.62$

⑱ $2.34+2.51$

㉕ $5.42+3.15$

㉜ $3.68+2.11$

⑲ $5.16+4.22$

㉖ $1.17+4.52$

㉝ $2.14+1.51$

08 1보다 큰 소수 두 자리 수의 덧셈 B

3.55 + 1.78의 계산

$$\begin{array}{r} {\scriptstyle 1} \\ 3.55 \\ +1.78 \\ \hline 3 \end{array} \Rightarrow \begin{array}{r} {\scriptstyle 1\ 1} \\ 3.55 \\ +1.78 \\ \hline 33 \end{array} \Rightarrow \begin{array}{r} {\scriptstyle 1\ 1} \\ 3.55 \\ +1.78 \\ \hline 5.33 \end{array}$$

① 소수 둘째 자리: 5 + 8 = 13

② 소수 첫째 자리: 1 + 5 + 7 = 13

② 일의 자리: 1 + 3 + 1 = 5

원리 비법 합이 10이거나 10보다 크면 바로 윗자리로 **받아올림**을 해!

덧셈을 하세요.

❶ $\begin{array}{r} 1.65 \\ +1.58 \\ \hline \end{array}$

❷ $\begin{array}{r} 4.24 \\ +2.99 \\ \hline \end{array}$

❸ $\begin{array}{r} 4.65 \\ +4.98 \\ \hline \end{array}$

❹ $\begin{array}{r} 3.44 \\ +2.78 \\ \hline \end{array}$

❺ $\begin{array}{r} 4.87 \\ +2.74 \\ \hline \end{array}$

❻ $\begin{array}{r} 1.54 \\ +1.88 \\ \hline \end{array}$

❼ $\begin{array}{r} 1.94 \\ +3.36 \\ \hline \end{array}$

❽ $\begin{array}{r} 2.56 \\ +1.58 \\ \hline \end{array}$

❾ $\begin{array}{r} 2.38 \\ +3.93 \\ \hline \end{array}$

❿ $\begin{array}{r} 4.75 \\ +4.58 \\ \hline \end{array}$

⓫ $\begin{array}{r} 1.48 \\ +3.93 \\ \hline \end{array}$

⓬ $\begin{array}{r} 4.88 \\ +2.34 \\ \hline \end{array}$

정답 98쪽

공부한 날짜	맞힌 개수	걸린 시간
월 일	/33	분

덧셈을 하세요.

⑬ 4.45+4.86

⑳ 1.57+3.94

㉗ 3.84+4.67

⑭ 4.68+2.73

㉑ 4.96+2.85

㉘ 2.67+3.75

⑮ 3.93+4.68

㉒ 2.28+3.83

㉙ 2.94+3.77

⑯ 2.78+1.82

㉓ 3.96+2.44

㉚ 4.78+2.74

⑰ 2.89+1.82

㉔ 1.59+3.73

㉛ 2.97+1.53

⑱ 2.36+1.77

㉕ 3.79+2.43

㉜ 4.85+4.98

⑲ 2.63+1.89

㉖ 1.82+1.59

㉝ 2.47+3.94

09 자릿수가 다른 소수의 덧셈 A

1.24 + 2.5의 계산

$$\begin{array}{r} 1.24 \\ +\,2.5 \\ \hline 4 \end{array} \Rightarrow \begin{array}{r} 1.24 \\ +\,2.5 \\ \hline 74 \end{array} \Rightarrow \begin{array}{r} 1.24 \\ +\,2.5 \\ \hline 3.74 \end{array}$$

① 소수 둘째 자리: 4 + 0 = 4
② 소수 첫째 자리: 2 + 5 = 7
③ 일의 자리: 1 + 2 = 3

원리 비법 소수의 끝자리에 **0이 있는 것으로** 생각하여 계산해!

덧셈을 하세요.

❶ $\begin{array}{r} 2.24 \\ +\,1.4 \\ \hline \end{array}$

❷ $\begin{array}{r} 3.12 \\ +\,2.7 \\ \hline \end{array}$

❸ $\begin{array}{r} 1.45 \\ +\,2.3 \\ \hline \end{array}$

❹ $\begin{array}{r} 3.34 \\ +\,3.5 \\ \hline \end{array}$

❺ $\begin{array}{r} 2.25 \\ +\,1.2 \\ \hline \end{array}$

❻ $\begin{array}{r} 1.75 \\ +\,1.1 \\ \hline \end{array}$

❼ $\begin{array}{r} 1.11 \\ +\,1.6 \\ \hline \end{array}$

❽ $\begin{array}{r} 2.35 \\ +\,3.1 \\ \hline \end{array}$

❾ $\begin{array}{r} 3.13 \\ +\,2.5 \\ \hline \end{array}$

❿ $\begin{array}{r} 2.45 \\ +\,1.4 \\ \hline \end{array}$

⓫ $\begin{array}{r} 1.32 \\ +\,1.3 \\ \hline \end{array}$

⓬ $\begin{array}{r} 1.66 \\ +\,2.2 \\ \hline \end{array}$

정답 99쪽

공부한 날짜	맞힌 개수	걸린 시간
월 일	/33	분

덧셈을 하세요.

⑬ $2.26+3.3$

⑳ $2.21+3.5$

㉗ $3.02+3.4$

⑭ $1.31+2.4$

㉑ $1.53+1.2$

㉘ $3.21+3.7$

⑮ $1.23+1.5$

㉒ $1.52+1.3$

㉙ $3.23+2.1$

⑯ $3.14+2.3$

㉓ $3.51+2.1$

㉚ $2.12+3.6$

⑰ $2.63+3.1$

㉔ $3.33+3.4$

㉛ $1.47+1.1$

⑱ $2.02+3.6$

㉕ $3.13+3.2$

㉜ $1.52+2.4$

⑲ $2.54+1.2$

㉖ $3.01+2.5$

㉝ $2.41+3.2$

10 자릿수가 다른 소수의 덧셈 B

○ 2.85＋3.6의 계산

$$\begin{array}{r} 2.85 \\ +\,3.6 \\ \hline 5 \end{array} \rightarrow \begin{array}{r} {}^{1} \\ 2.85 \\ +\,3.6 \\ \hline 45 \end{array} \rightarrow \begin{array}{r} {}^{1} \\ 2.85 \\ +\,3.6 \\ \hline 6.45 \end{array}$$

① 소수 둘째 자리: 5＋0＝5
② 소수 첫째 자리: 8＋6＝14
③ 일의 자리: 1＋2＋3＝6

원리 비법 합이 10이거나 10보다 크면 바로 윗자리로 **받아올림**을 해!

◈ 덧셈을 하세요.

❶ $\begin{array}{r} 1.92 \\ +\,2.4 \\ \hline \end{array}$

❺ $\begin{array}{r} 1.43 \\ +\,1.7 \\ \hline \end{array}$

❾ $\begin{array}{r} 3.94 \\ +\,2.3 \\ \hline \end{array}$

❷ $\begin{array}{r} 2.58 \\ +\,1.5 \\ \hline \end{array}$

❻ $\begin{array}{r} 3.92 \\ +\,2.2 \\ \hline \end{array}$

❿ $\begin{array}{r} 1.59 \\ +\,2.6 \\ \hline \end{array}$

❸ $\begin{array}{r} 3.98 \\ +\,3.6 \\ \hline \end{array}$

❼ $\begin{array}{r} 1.34 \\ +\,2.8 \\ \hline \end{array}$

⓫ $\begin{array}{r} 3.87 \\ +\,2.4 \\ \hline \end{array}$

❹ $\begin{array}{r} 3.96 \\ +\,2.5 \\ \hline \end{array}$

❽ $\begin{array}{r} 3.52 \\ +\,2.9 \\ \hline \end{array}$

⓬ $\begin{array}{r} 3.67 \\ +\,2.7 \\ \hline \end{array}$

정답 99쪽

공부한 날짜	맞힌 개수	걸린 시간
월 일	/33	분

덧셈을 하세요.

⑬ 2.88 + 3.5

⑳ 2.98 + 1.7

㉗ 2.89 + 1.6

⑭ 1.96 + 2.6

㉑ 3.94 + 3.4

㉘ 2.99 + 3.8

⑮ 1.83 + 1.8

㉒ 2.83 + 3.7

㉙ 1.85 + 1.4

⑯ 1.83 + 2.2

㉓ 1.36 + 1.9

㉚ 1.89 + 1.5

⑰ 3.74 + 3.7

㉔ 1.74 + 2.5

㉛ 3.75 + 3.6

⑱ 3.66 + 3.5

㉕ 1.85 + 2.9

㉜ 2.67 + 3.8

⑲ 2.86 + 3.3

㉖ 1.73 + 2.6

㉝ 1.68 + 1.9

11 세 소수의 덧셈 A

○ 0.6+2.8+1.7의 계산

$0.6+2.8+1.7=5.1$

① 3.4
② 5.1

① $0.6+2.8=3.4$
② $3.4+1.7=5.1$

원리 비법 앞에서부터 **두 수씩** 차례로 계산해!

□ 안에 알맞은 수를 써넣으세요.

1. $3.6+2.4+1.1=$ □

2. $1.2+1.9+2.2=$ □

3. $1.8+1.8+1.2=$ □

4. $1.5+1.7+1.5=$ □

5. $2.4+0.7+1.2=$ □

6. $3.7+2.7+1.3=$ □

7. $1.3+1.9+1.6=$ □

8. $2.9+2.8+0.1=$ □

정답 99쪽

공부한 날짜	맞힌 개수	걸린 시간
월 일	/29	분

덧셈을 하세요.

⑨ $3.9+0.2+0.1$

⑩ $3.4+2.9+1.7$

⑪ $1.6+3.8+2.3$

⑫ $1.5+1.9+1.6$

⑬ $1.8+3.4+2.6$

⑭ $0.3+3.9+3.9$

⑮ $2.6+2.9+0.3$

⑯ $0.5+3.6+3.3$

⑰ $2.8+2.7+0.5$

⑱ $1.4+1.7+1.5$

⑲ $0.9+1.1+2.2$

⑳ $2.7+0.4+1.6$

㉑ $0.7+1.9+2.8$

㉒ $2.9+0.4+1.3$

㉓ $0.7+1.3+2.9$

㉔ $0.2+1.8+2.5$

㉕ $0.8+3.5+3.2$

㉖ $0.6+3.7+3.5$

㉗ $3.5+0.6+0.4$

㉘ $3.6+0.8+0.1$

㉙ $1.4+3.7+2.1$

01 (소수 한 자리 수)−(소수 두 자리 수) A

○ 0.4 − 0.17의 계산

$$0.4-0.17=0.23$$

➡ 0.4는 0.01이 40개이고, 0.17은 0.01이 17개이므로 0.4 − 0.17은 0.01이 23개입니다.

원리 비법 0.01이 몇 개인지 계산하면 돼!

◆ □ 안에 알맞은 수를 써넣으세요.

❶ 0.7은 0.01이 □개이고,
0.36은 0.01이 □개이므로
0.7 − 0.36은 0.01이 □개입니다.
➡ 0.7 − 0.36 = □

❷ 0.4는 0.01이 □개이고,
0.12는 0.01이 □개이므로
0.4 − 0.12는 0.01이 □개입니다.
➡ 0.4 − 0.12 = □

❸ 0.9는 0.01이 □개이고,
0.49는 0.01이 □개이므로
0.9 − 0.49는 0.01이 □개입니다.
➡ 0.9 − 0.49 = □

❹ 0.5는 0.01이 □개이고,
0.36은 0.01이 □개이므로
0.5 − 0.36은 0.01이 □개입니다.
➡ 0.5 − 0.36 = □

❺ 0.6은 0.01이 □개이고,
0.31은 0.01이 □개이므로
0.6 − 0.31은 0.01이 □개입니다.
➡ 0.6 − 0.31 = □

❻ 0.5는 0.01이 □개이고,
0.11은 0.01이 □개이므로
0.5 − 0.11은 0.01이 □개입니다.
➡ 0.5 − 0.11 = □

❼ 0.8은 0.01이 □개이고,
0.12는 0.01이 □개이므로
0.8 − 0.12는 0.01이 □개입니다.
➡ 0.8 − 0.12 = □

❽ 0.7은 0.01이 □개이고,
0.18은 0.01이 □개이므로
0.7 − 0.18은 0.01이 □개입니다.
➡ 0.7 − 0.18 = □

정답 100쪽

공부한 날짜	맞힌 개수	걸린 시간
월 일	/18	분

◆ □ 안에 알맞은 수를 써넣으세요.

⑨ 0.6은 0.01이 □개이고,
0.46은 0.01이 □개이므로
0.6 − 0.46은 0.01이 □개입니다.
➡ 0.6 − 0.46 = □

⑩ 0.9는 0.01이 □개이고,
0.65는 0.01이 □개이므로
0.9 − 0.65는 0.01이 □개입니다.
➡ 0.9 − 0.65 = □

⑪ 0.8은 0.01이 □개이고,
0.48은 0.01이 □개이므로
0.8 − 0.48은 0.01이 □개입니다.
➡ 0.8 − 0.48 = □

⑫ 0.9는 0.01이 □개이고,
0.26은 0.01이 □개이므로
0.9 − 0.26은 0.01이 □개입니다.
➡ 0.9 − 0.26 = □

⑬ 0.7은 0.01이 □개이고,
0.21은 0.01이 □개이므로
0.7 − 0.21은 0.01이 □개입니다.
➡ 0.7 − 0.21 = □

⑭ 0.8은 0.01이 □개이고,
0.63은 0.01이 □개이므로
0.8 − 0.63은 0.01이 □개입니다.
➡ 0.8 − 0.63 = □

⑮ 0.4는 0.01이 □개이고,
0.23은 0.01이 □개이므로
0.4 − 0.23은 0.01이 □개입니다.
➡ 0.4 − 0.23 = □

⑯ 0.7은 0.01이 □개이고,
0.59는 0.01이 □개이므로
0.7 − 0.59는 0.01이 □개입니다.
➡ 0.7 − 0.59 = □

⑰ 0.8은 0.01이 □개이고,
0.25는 0.01이 □개이므로
0.8 − 0.25는 0.01이 □개입니다.
➡ 0.8 − 0.25 = □

⑱ 0.5는 0.01이 □개이고,
0.13은 0.01이 □개이므로
0.5 − 0.13은 0.01이 □개입니다.
➡ 0.5 − 0.13 = □

02 (소수 한 자리 수)−(소수 두 자리 수) B

0.7−0.25의 계산

$$\begin{array}{r} 0.7 \\ -0.25 \\ \hline \end{array} \Rightarrow \begin{array}{r} \scriptstyle 6\ 10 \\ 0.\not{7}\ \\ -0.25 \\ \hline 5 \end{array} \Rightarrow \begin{array}{r} \scriptstyle 6\ 10 \\ 0.\not{7}\ \\ -0.25 \\ \hline 0.45 \end{array}$$

① 소수 둘째 자리: 10−5=5

② 소수 첫째 자리: 7−1−2=4

원리 비법 빈 자리에서 숫자를 빼야 할 때는 **받아내림**을 해!

뺄셈을 하세요.

❶ $\begin{array}{r} 0.7 \\ -0.06 \\ \hline \end{array}$

❷ $\begin{array}{r} 0.3 \\ -0.05 \\ \hline \end{array}$

❸ $\begin{array}{r} 0.6 \\ -0.15 \\ \hline \end{array}$

❹ $\begin{array}{r} 0.4 \\ -0.09 \\ \hline \end{array}$

❺ $\begin{array}{r} 0.6 \\ -0.45 \\ \hline \end{array}$

❻ $\begin{array}{r} 0.9 \\ -0.64 \\ \hline \end{array}$

❼ $\begin{array}{r} 0.5 \\ -0.09 \\ \hline \end{array}$

❽ $\begin{array}{r} 0.8 \\ -0.09 \\ \hline \end{array}$

❾ $\begin{array}{r} 0.5 \\ -0.36 \\ \hline \end{array}$

❿ $\begin{array}{r} 0.7 \\ -0.47 \\ \hline \end{array}$

⓫ $\begin{array}{r} 0.8 \\ -0.37 \\ \hline \end{array}$

⓬ $\begin{array}{r} 0.9 \\ -0.14 \\ \hline \end{array}$

정답 100쪽

공부한 날짜	맞힌 개수	걸린 시간
월 일	/33	분

뺄셈을 하세요.

13 $0.8-0.49$

14 $0.5-0.12$

15 $0.9-0.26$

16 $0.9-0.49$

17 $0.4-0.12$

18 $0.7-0.35$

19 $0.6-0.03$

20 $0.5-0.07$

21 $0.9-0.37$

22 $0.6-0.28$

23 $0.8-0.12$

24 $0.6-0.32$

25 $0.7-0.36$

26 $0.7-0.18$

27 $0.7-0.34$

28 $0.8-0.25$

29 $0.3-0.17$

30 $0.7-0.21$

31 $0.8-0.13$

32 $0.9-0.52$

33 $0.5-0.24$

03 (소수 두 자리 수)−(소수 두 자리 수) A

0.58−0.34의 계산

$$\begin{array}{r}0.58\\-0.34\\\hline\end{array} \Rightarrow \begin{array}{r}0.58\\-0.34\\\hline 4\end{array} \Rightarrow \begin{array}{r}0.58\\-0.34\\\hline 0.24\end{array}$$

① 소수 둘째 자리: 8−4=4
② 소수 첫째 자리: 5−3=2

원리 비법 계산 결과에 **소수점**을 꼭 써 줘야 해!

뺄셈을 하세요.

1. $\begin{array}{r}0.59\\-0.37\\\hline\end{array}$

5. $\begin{array}{r}0.77\\-0.35\\\hline\end{array}$

9. $\begin{array}{r}0.46\\-0.04\\\hline\end{array}$

2. $\begin{array}{r}0.39\\-0.26\\\hline\end{array}$

6. $\begin{array}{r}0.89\\-0.08\\\hline\end{array}$

10. $\begin{array}{r}0.76\\-0.13\\\hline\end{array}$

3. $\begin{array}{r}0.93\\-0.32\\\hline\end{array}$

7. $\begin{array}{r}0.63\\-0.22\\\hline\end{array}$

11. $\begin{array}{r}0.95\\-0.63\\\hline\end{array}$

4. $\begin{array}{r}0.66\\-0.32\\\hline\end{array}$

8. $\begin{array}{r}0.82\\-0.21\\\hline\end{array}$

12. $\begin{array}{r}0.56\\-0.11\\\hline\end{array}$

정답 100쪽

공부한 날짜	맞힌 개수	걸린 시간
월 일	/33	분

빨셈을 하세요.

⑬ 0.84−0.52

⑳ 0.54−0.13

㉗ 0.97−0.14

⑭ 0.73−0.22

㉑ 0.87−0.43

㉘ 0.68−0.34

⑮ 0.99−0.47

㉒ 0.65−0.14

㉙ 0.83−0.22

⑯ 0.45−0.13

㉓ 0.79−0.27

㉚ 0.75−0.43

⑰ 0.65−0.41

㉔ 0.74−0.11

㉛ 0.84−0.13

⑱ 0.78−0.05

㉕ 0.36−0.13

㉜ 0.94−0.62

⑲ 0.58−0.23

㉖ 0.87−0.06

㉝ 0.97−0.55

04 (소수 두 자리 수)－(소수 두 자리 수) B

0.71 －0.16의 계산

$$\begin{array}{r} 0.71 \\ -\,0.16 \\ \hline \end{array} \Rightarrow \begin{array}{r} {\scriptstyle 6\,10} \\ 0.\not{7}1 \\ -\,0.16 \\ \hline 5 \end{array} \Rightarrow \begin{array}{r} {\scriptstyle 6\,10} \\ 0.\not{7}1 \\ -\,0.16 \\ \hline 0.55 \end{array}$$

① 소수 둘째 자리: 10＋1－6＝5

② 소수 첫째 자리: 7－1－1＝5

원리 비법 자연수의 뺄셈과 같은 방법으로 **받아내림**을 해!

뺄셈을 하세요.

❶ $\begin{array}{r} 0.56 \\ -\,0.39 \\ \hline \end{array}$

❷ $\begin{array}{r} 0.37 \\ -\,0.19 \\ \hline \end{array}$

❸ $\begin{array}{r} 0.84 \\ -\,0.36 \\ \hline \end{array}$

❹ $\begin{array}{r} 0.72 \\ -\,0.45 \\ \hline \end{array}$

❺ $\begin{array}{r} 0.94 \\ -\,0.57 \\ \hline \end{array}$

❻ $\begin{array}{r} 0.96 \\ -\,0.28 \\ \hline \end{array}$

❼ $\begin{array}{r} 0.65 \\ -\,0.38 \\ \hline \end{array}$

❽ $\begin{array}{r} 0.92 \\ -\,0.45 \\ \hline \end{array}$

❾ $\begin{array}{r} 0.42 \\ -\,0.15 \\ \hline \end{array}$

❿ $\begin{array}{r} 0.74 \\ -\,0.05 \\ \hline \end{array}$

⓫ $\begin{array}{r} 0.83 \\ -\,0.35 \\ \hline \end{array}$

⓬ $\begin{array}{r} 0.85 \\ -\,0.16 \\ \hline \end{array}$

정답 100쪽

공부한 날짜	맞힌 개수	걸린 시간
월 일	/33	분

빼셈을 하세요.

⑬ $0.72-0.23$

⑭ $0.92-0.14$

⑮ $0.53-0.16$

⑯ $0.81-0.28$

⑰ $0.83-0.48$

⑱ $0.52-0.13$

⑲ $0.43-0.14$

⑳ $0.54-0.26$

㉑ $0.65-0.08$

㉒ $0.76-0.17$

㉓ $0.62-0.47$

㉔ $0.67-0.18$

㉕ $0.76-0.38$

㉖ $0.94-0.16$

㉗ $0.82-0.67$

㉘ $0.73-0.25$

㉙ $0.35-0.17$

㉚ $0.96-0.69$

㉛ $0.56-0.08$

㉜ $0.98-0.39$

㉝ $0.63-0.25$

05 1보다 큰 소수 한 자리 수의 뺄셈 A

3.9－1.2의 계산

$$\begin{array}{r} 3.9 \\ -\ 1.2 \\ \hline \end{array} \Rightarrow \begin{array}{r} 3.9 \\ -\ 1.2 \\ \hline 7 \end{array} \Rightarrow \begin{array}{r} 3.9 \\ -\ 1.2 \\ \hline 2.7 \end{array}$$

① 소수 첫째 자리: 9－2＝7
② 일의 자리: 3－1＝2

원리 비법 계산 결과에 **소수점**을 꼭 써 줘야 해!

뺄셈을 하세요.

❶ $\begin{array}{r} 3.5 \\ -\ 1.3 \\ \hline \end{array}$

❷ $\begin{array}{r} 6.3 \\ -\ 2.1 \\ \hline \end{array}$

❸ $\begin{array}{r} 3.6 \\ -\ 1.1 \\ \hline \end{array}$

❹ $\begin{array}{r} 6.8 \\ -\ 2.1 \\ \hline \end{array}$

❺ $\begin{array}{r} 5.7 \\ -\ 2.1 \\ \hline \end{array}$

❻ $\begin{array}{r} 6.8 \\ -\ 2.5 \\ \hline \end{array}$

❼ $\begin{array}{r} 4.9 \\ -\ 1.6 \\ \hline \end{array}$

❽ $\begin{array}{r} 3.7 \\ -\ 1.3 \\ \hline \end{array}$

❾ $\begin{array}{r} 3.4 \\ -\ 1.1 \\ \hline \end{array}$

❿ $\begin{array}{r} 5.6 \\ -\ 2.4 \\ \hline \end{array}$

⓫ $\begin{array}{r} 5.9 \\ -\ 2.1 \\ \hline \end{array}$

⓬ $\begin{array}{r} 5.5 \\ -\ 2.3 \\ \hline \end{array}$

정답 101쪽

공부한 날짜	맞힌 개수	걸린 시간
월 일	/33	분

뺄셈을 하세요.

⑬ $5.6-2.3$

⑭ $6.3-2.1$

⑮ $6.9-3.3$

⑯ $6.7-2.1$

⑰ $5.4-2.2$

⑱ $4.6-1.2$

⑲ $3.8-1.4$

⑳ $4.8-1.2$

㉑ $3.9-1.2$

㉒ $5.5-2.2$

㉓ $5.8-2.1$

㉔ $3.7-1.4$

㉕ $4.9-1.7$

㉖ $3.5-1.1$

㉗ $5.6-2.1$

㉘ $6.7-3.4$

㉙ $4.9-1.4$

㉚ $6.8-3.3$

㉛ $4.7-1.2$

㉜ $6.5-4.1$

㉝ $4.8-1.4$

06 1보다 큰 소수 한 자리 수의 뺄셈 B

○ 4.6 − 2.9의 계산

$$\begin{array}{r} 4.6 \\ -\ 2.9 \\ \hline \end{array} \Rightarrow \begin{array}{r} \overset{3}{\cancel{4}}.\overset{10}{6} \\ -\ 2.9 \\ \hline 7 \end{array} \Rightarrow \begin{array}{r} \overset{3}{\cancel{4}}.\overset{10}{6} \\ -\ 2.9 \\ \hline 1.7 \end{array}$$

① 소수 첫째 자리: 10+6−9=7

② 일의 자리: 4−1−2=1

원리 비법 자연수의 뺄셈과 같은 방법으로 **받아내림**을 해!

◈ 뺄셈을 하세요.

❶ $\begin{array}{r} 4.2 \\ -\ 1.3 \\ \hline \end{array}$

❷ $\begin{array}{r} 6.4 \\ -\ 3.7 \\ \hline \end{array}$

❸ $\begin{array}{r} 6.2 \\ -\ 2.5 \\ \hline \end{array}$

❹ $\begin{array}{r} 6.3 \\ -\ 2.6 \\ \hline \end{array}$

❺ $\begin{array}{r} 6.1 \\ -\ 2.8 \\ \hline \end{array}$

❻ $\begin{array}{r} 6.3 \\ -\ 1.4 \\ \hline \end{array}$

❼ $\begin{array}{r} 6.1 \\ -\ 2.9 \\ \hline \end{array}$

❽ $\begin{array}{r} 6.3 \\ -\ 3.8 \\ \hline \end{array}$

❾ $\begin{array}{r} 4.2 \\ -\ 1.6 \\ \hline \end{array}$

❿ $\begin{array}{r} 6.5 \\ -\ 2.9 \\ \hline \end{array}$

⓫ $\begin{array}{r} 4.1 \\ -\ 1.7 \\ \hline \end{array}$

⓬ $\begin{array}{r} 5.3 \\ -\ 2.5 \\ \hline \end{array}$

정답 101쪽

공부한 날짜	맞힌 개수	걸린 시간
월 일	/33	분

빨셈을 하세요.

⑬ 3.1 − 1.5

⑳ 3.5 − 1.8

㉗ 6.1 − 2.7

⑭ 4.2 − 1.7

㉑ 3.6 − 1.9

㉘ 6.1 − 2.3

⑮ 5.3 − 2.9

㉒ 5.2 − 2.5

㉙ 3.4 − 1.8

⑯ 5.1 − 2.6

㉓ 4.2 − 1.8

㉚ 3.6 − 1.9

⑰ 6.2 − 4.7

㉔ 4.1 − 1.4

㉛ 5.1 − 2.7

⑱ 4.2 − 1.5

㉕ 4.4 − 1.9

㉜ 4.5 − 1.6

⑲ 5.4 − 2.8

㉖ 5.4 − 2.6

㉝ 4.2 − 1.8

07 1보다 큰 소수 두 자리 수의 뺄셈 A

5.74 − 2.12의 계산

$$\begin{array}{r} 5.74 \\ -\,2.12 \\ \hline 2 \end{array} \Rightarrow \begin{array}{r} 5.74 \\ -\,2.12 \\ \hline 62 \end{array} \Rightarrow \begin{array}{r} 5.74 \\ -\,2.12 \\ \hline 3.62 \end{array}$$

① 소수 둘째 자리: 4 − 2 = 2
② 소수 첫째 자리: 7 − 1 = 6
③ 일의 자리: 5 − 2 = 3

원리 비법 계산 결과에 **소수점**을 꼭 써 줘야 해!

뺄셈을 하세요.

❶ $\begin{array}{r} 4.68 \\ -\,1.42 \\ \hline \end{array}$

❷ $\begin{array}{r} 3.38 \\ -\,1.17 \\ \hline \end{array}$

❸ $\begin{array}{r} 5.54 \\ -\,2.33 \\ \hline \end{array}$

❹ $\begin{array}{r} 3.78 \\ -\,1.26 \\ \hline \end{array}$

❺ $\begin{array}{r} 4.98 \\ -\,1.43 \\ \hline \end{array}$

❻ $\begin{array}{r} 5.89 \\ -\,2.41 \\ \hline \end{array}$

❼ $\begin{array}{r} 4.94 \\ -\,1.62 \\ \hline \end{array}$

❽ $\begin{array}{r} 3.45 \\ -\,1.12 \\ \hline \end{array}$

❾ $\begin{array}{r} 6.57 \\ -\,2.25 \\ \hline \end{array}$

❿ $\begin{array}{r} 4.73 \\ -\,1.11 \\ \hline \end{array}$

⓫ $\begin{array}{r} 4.65 \\ -\,1.13 \\ \hline \end{array}$

⓬ $\begin{array}{r} 3.88 \\ -\,1.47 \\ \hline \end{array}$

정답 101쪽

공부한 날짜	맞힌 개수	걸린 시간
월 일	/33	분

빨셈을 하세요.

⑬ 3.52 − 1.11

⑳ 5.75 − 2.42

㉗ 4.95 − 1.73

⑭ 5.66 − 2.34

㉑ 5.88 − 2.21

㉘ 6.39 − 2.18

⑮ 3.92 − 1.21

㉒ 6.96 − 2.51

㉙ 5.94 − 2.12

⑯ 5.47 − 2.25

㉓ 3.84 − 1.13

㉚ 5.67 − 2.42

⑰ 6.75 − 4.21

㉔ 6.69 − 2.28

㉛ 5.72 − 2.11

⑱ 5.86 − 2.15

㉕ 3.56 − 1.11

㉜ 6.79 − 2.17

⑲ 6.67 − 2.33

㉖ 3.77 − 1.32

㉝ 6.88 − 2.55

08 1보다 큰 소수 두 자리 수의 뺄셈 B

4.32 − 1.38의 계산

$$\begin{array}{r} \scriptsize{2\ 10} \\ 4.\not{3}\,2 \\ -1.3\,8 \\ \hline 4 \end{array} \Rightarrow \begin{array}{r} \scriptsize{3\ \ 12\,10} \\ \not{4}.\not{3}\,2 \\ -1.3\,8 \\ \hline 9\,4 \end{array} \Rightarrow \begin{array}{r} \scriptsize{3\ \ 12\,10} \\ \not{4}.\not{3}\,2 \\ -1.3\,8 \\ \hline 2.9\,4 \end{array}$$

① 소수 둘째 자리: 10+2−8=4

② 소수 첫째 자리: 10+3−1−3=9

③ 일의 자리: 4−1−1=2

원리 비법 자연수의 뺄셈과 같은 방법으로 **받아내림**을 해!

빼셈을 하세요.

❶ $\begin{array}{r} 3.42 \\ -1.15 \\ \hline \end{array}$

❷ $\begin{array}{r} 6.77 \\ -2.19 \\ \hline \end{array}$

❸ $\begin{array}{r} 3.63 \\ -1.16 \\ \hline \end{array}$

❹ $\begin{array}{r} 6.38 \\ -2.19 \\ \hline \end{array}$

❺ $\begin{array}{r} 5.85 \\ -2.16 \\ \hline \end{array}$

❻ $\begin{array}{r} 3.51 \\ -1.16 \\ \hline \end{array}$

❼ $\begin{array}{r} 5.25 \\ -2.58 \\ \hline \end{array}$

❽ $\begin{array}{r} 6.42 \\ -3.74 \\ \hline \end{array}$

❾ $\begin{array}{r} 4.42 \\ -1.68 \\ \hline \end{array}$

❿ $\begin{array}{r} 5.36 \\ -2.98 \\ \hline \end{array}$

⓫ $\begin{array}{r} 6.55 \\ -2.88 \\ \hline \end{array}$

⓬ $\begin{array}{r} 5.12 \\ -2.94 \\ \hline \end{array}$

정답 101쪽

공부한 날짜	맞힌 개수	걸린 시간
월 일	/33	분

빨셈을 하세요.

⑬ $6.51-4.13$

⑭ $5.53-2.34$

⑮ $3.91-1.22$

⑯ $4.36-1.27$

⑰ $6.91-2.56$

⑱ $4.82-1.45$

⑲ $5.67-2.48$

⑳ $6.84-3.37$

㉑ $3.94-1.49$

㉒ $4.41-1.14$

㉓ $3.13-1.84$

㉔ $3.24-1.68$

㉕ $6.34-3.65$

㉖ $4.62-1.94$

㉗ $6.21-4.75$

㉘ $6.14-2.35$

㉙ $4.11-1.73$

㉚ $5.13-2.64$

㉛ $5.24-2.79$

㉜ $4.73-1.95$

㉝ $5.25-2.47$

09 자릿수가 다른 소수의 뺄셈 A

○ 5.24 − 3.4의 계산

$$\begin{array}{r} 5.24 \\ -\ 3.4 \\ \hline 4 \end{array} \Rightarrow \begin{array}{r} \overset{4\ \ 10}{\cancel{5}.24} \\ -\ 3.4 \\ \hline 84 \end{array} \Rightarrow \begin{array}{r} \overset{4\ \ 10}{\cancel{5}.24} \\ -\ 3.4 \\ \hline 1.84 \end{array}$$

① 소수 둘째 자리: 4 − 0 = 4

② 소수 첫째 자리: 10 + 2 − 4 = 8

③ 일의 자리: 5 − 1 − 3 = 1

원리 비법 소수의 끝자리에 **0이 있는 것으로** 생각하여 계산해!

◈ 뺄셈을 하세요.

❶ $\begin{array}{r} 7.44 \\ -\ 2.6 \\ \hline \end{array}$

❷ $\begin{array}{r} 4.28 \\ -\ 2.5 \\ \hline \end{array}$

❸ $\begin{array}{r} 7.15 \\ -\ 4.3 \\ \hline \end{array}$

❹ $\begin{array}{r} 3.18 \\ -\ 1.7 \\ \hline \end{array}$

❺ $\begin{array}{r} 5.36 \\ -\ 3.7 \\ \hline \end{array}$

❻ $\begin{array}{r} 8.49 \\ -\ 3.9 \\ \hline \end{array}$

❼ $\begin{array}{r} 6.09 \\ -\ 4.8 \\ \hline \end{array}$

❽ $\begin{array}{r} 7.14 \\ -\ 1.6 \\ \hline \end{array}$

❾ $\begin{array}{r} 8.18 \\ -\ 5.4 \\ \hline \end{array}$

❿ $\begin{array}{r} 4.24 \\ -\ 2.8 \\ \hline \end{array}$

⓫ $\begin{array}{r} 5.52 \\ -\ 1.9 \\ \hline \end{array}$

⓬ $\begin{array}{r} 5.42 \\ -\ 3.5 \\ \hline \end{array}$

정답 102쪽

공부한 날짜	맞힌 개수	걸린 시간
월 일	/33	분

빼셈을 하세요.

⑬ $7.11-3.4$

⑳ $3.18-1.3$

㉗ $5.31-2.6$

⑭ $6.21-3.7$

㉑ $4.12-1.8$

㉘ $9.65-3.9$

⑮ $5.48-2.7$

㉒ $3.16-1.6$

㉙ $7.14-4.9$

⑯ $8.12-3.5$

㉓ $9.64-1.9$

㉚ $5.51-1.8$

⑰ $4.57-1.8$

㉔ $7.15-2.6$

㉛ $5.25-2.9$

⑱ $4.52-1.9$

㉕ $5.32-1.6$

㉜ $6.48-2.8$

⑲ $7.13-2.8$

㉖ $8.25-5.5$

㉝ $3.32-1.6$

10 자릿수가 다른 소수의 뺄셈 B

○4.2−2.57의 계산

$$\begin{array}{r} \overset{1\ 10}{4.\not{2}} \\ -2.57 \\ \hline 3 \end{array} \Rightarrow \begin{array}{r} \overset{3\ 11\ 10}{\not{4}.\not{2}} \\ -2.57 \\ \hline 63 \end{array} \Rightarrow \begin{array}{r} \overset{3\ 11\ 10}{\not{4}.\not{2}} \\ -2.57 \\ \hline 1.63 \end{array}$$

① 소수 둘째 자리: 10+0−7=3

② 소수 첫째 자리: 10+2−1−5=6

③ 일의 자리: 4−1−2=1

원리 비법 빈 자리에서 숫자를 빼야 할 때는 **받아내림**을 해!

빼셈을 하세요.

❶ $\begin{array}{r} 3.2 \\ -2.42 \\ \hline \end{array}$

❷ $\begin{array}{r} 5.7 \\ -1.56 \\ \hline \end{array}$

❸ $\begin{array}{r} 6.6 \\ -3.74 \\ \hline \end{array}$

❹ $\begin{array}{r} 5.3 \\ -2.58 \\ \hline \end{array}$

❺ $\begin{array}{r} 5.5 \\ -3.81 \\ \hline \end{array}$

❻ $\begin{array}{r} 3.2 \\ -2.95 \\ \hline \end{array}$

❼ $\begin{array}{r} 3.5 \\ -2.35 \\ \hline \end{array}$

❽ $\begin{array}{r} 3.5 \\ -1.86 \\ \hline \end{array}$

❾ $\begin{array}{r} 5.2 \\ -2.65 \\ \hline \end{array}$

❿ $\begin{array}{r} 5.7 \\ -1.73 \\ \hline \end{array}$

⓫ $\begin{array}{r} 3.3 \\ -1.94 \\ \hline \end{array}$

⓬ $\begin{array}{r} 5.5 \\ -3.64 \\ \hline \end{array}$

정답 102쪽

공부한 날짜	맞힌 개수	걸린 시간
월 일	/33	분

뺄셈을 하세요.

⑬ $4.1-1.79$

⑳ $5.4-1.93$

㉗ $5.3-3.37$

⑭ $6.3-1.83$

㉑ $4.2-1.59$

㉘ $4.3-2.88$

⑮ $6.3-1.66$

㉒ $4.1-2.85$

㉙ $4.8-3.91$

⑯ $7.1-3.51$

㉓ $4.3-2.62$

㉚ $5.4-1.76$

⑰ $4.6-3.74$

㉔ $4.1-1.96$

㉛ $3.2-2.78$

⑱ $5.7-1.99$

㉕ $6.2-2.48$

㉜ $4.4-1.93$

⑲ $3.5-2.62$

㉖ $3.7-2.88$

㉝ $3.5-1.69$

11 세 소수의 뺄셈 A

5.6 − 1.8 − 2.5의 계산

$5.6 - 1.8 - 2.5 = 1.3$

① 3.8
② 1.3

① 5.6 − 1.8 = 3.8
② 3.8 − 2.5 = 1.3

원리 비법 앞에서부터 **두 수씩** 차례로 계산해!

□ 안에 알맞은 수를 써넣으세요.

❶ 9.1 − 1.5 − 5.2 = □

❷ 9.3 − 1.7 − 1.7 = □

❸ 9.1 − 2.3 − 2.1 = □

❹ 6.3 − 3.8 − 0.7 = □

❺ 5.2 − 2.4 − 0.9 = □

❻ 9.5 − 1.6 − 2.3 = □

❼ 6.4 − 1.9 − 2.9 = □

❽ 8.3 − 1.6 − 3.6 = □

정답 102쪽

공부한 날짜	맞힌 개수	걸린 시간
월 일	/29	분

빨셈을 하세요.

⑨ $9.1-2.6-3.8$

⑩ $5.1-2.7-1.1$

⑪ $5.1-1.5-1.6$

⑫ $5.1-2.8-0.3$

⑬ $5.2-1.9-1.5$

⑭ $7.4-2.7-1.9$

⑮ $6.3-1.5-3.3$

⑯ $7.2-1.8-0.1$

⑰ $8.2-1.7-5.3$

⑱ $7.1-2.9-3.3$

⑲ $7.3-2.6-0.5$

⑳ $6.1-2.3-1.4$

㉑ $8.2-1.8-2.5$

㉒ $8.5-2.9-0.3$

㉓ $5.3-2.6-0.4$

㉔ $8.3-1.4-0.6$

㉕ $6.2-2.7-0.5$

㉖ $7.5-2.8-2.3$

㉗ $7.3-3.9-2.8$

㉘ $7.3-2.5-3.4$

㉙ $8.2-4.7-1.7$

12 세 소수의 덧셈과 뺄셈 A

○ 2.3 + 0.8 − 1.6의 계산

$2.3+0.8-1.6=1.5$

① 3.1
② 1.5

① $2.3+0.8=3.1$
② $3.1-1.6=1.5$

원리 비법 앞에서부터 **두 수씩** 차례로 계산해!

□ 안에 알맞은 수를 써넣으세요.

❶ $1.6+1.9-0.7=$ □

❷ $2.8+1.9-1.7=$ □

❸ $1.7+1.9-0.4=$ □

❹ $3.4+3.9-0.2=$ □

❺ $2.3+3.9-1.3=$ □

❻ $1.3+0.9-0.4=$ □

❼ $1.7+0.5-0.9=$ □

❽ $2.5+1.7-2.1=$ □

정답 102쪽

공부한 날짜	맞힌 개수	걸린 시간
월 일	/29	분

계산을 하세요.

⑨ $2.3+1.9-0.6$

⑩ $2.7+0.5-2.4$

⑪ $2.6+3.9-0.6$

⑫ $2.8+0.7-0.8$

⑬ $0.6+2.9-2.2$

⑭ $1.6+1.9-1.5$

⑮ $1.7+2.9-1.2$

⑯ $0.3+0.9-1.1$

⑰ $0.7+3.9-0.5$

⑱ $1.8+2.9-1.6$

⑲ $1.3+2.9-0.9$

⑳ $2.2+1.9-1.3$

㉑ $3.2+3.9-1.6$

㉒ $2.3+1.9-1.7$

㉓ $0.6+2.6-1.4$

㉔ $2.5+3.9-0.3$

㉕ $3.6+0.9-1.9$

㉖ $3.8+0.9-2.3$

㉗ $2.5+1.8-0.8$

㉘ $3.5+0.9-1.8$

㉙ $3.9+3.9-1.5$

01 삼각형의 각도와 길이 구하기 A

이등변삼각형

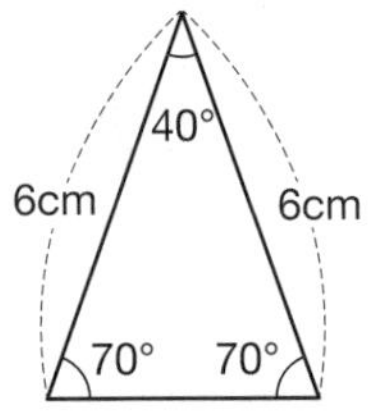

두 변의 길이가 같은 삼각형을 이등변삼각형이라 하고 두 밑각의 크기가 같습니다.

정삼각형

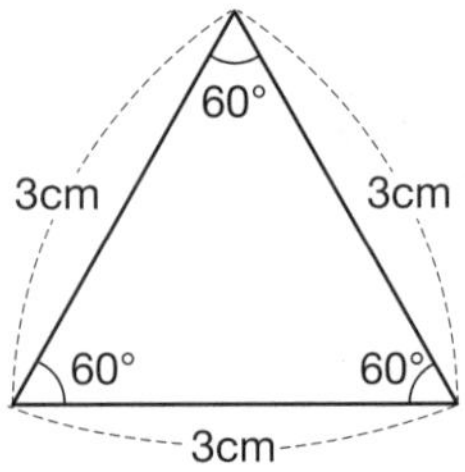

세 변의 길이가 모두 같은 삼각형을 정삼각형이라 하고 정삼각형의 세 각의 크기는 모두 60°로 같습니다.

원리 비법 삼각형의 세 각의 크기의 합은 항상 **180°**야!

이등변삼각형입니다. □ 안에 알맞은 수를 써넣으세요.

1
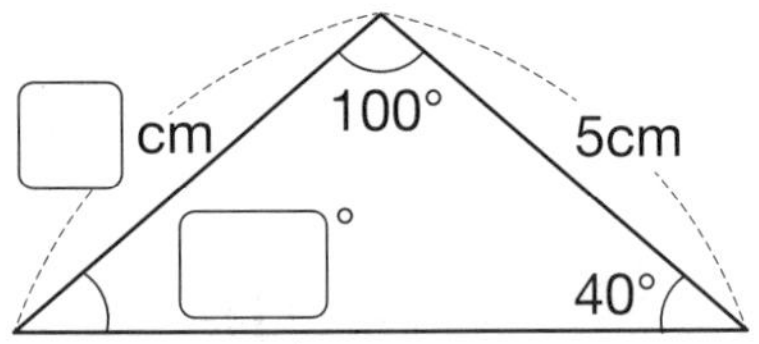

2
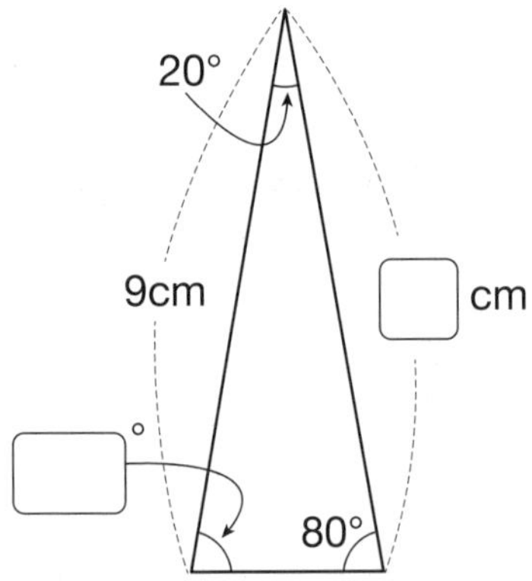

3
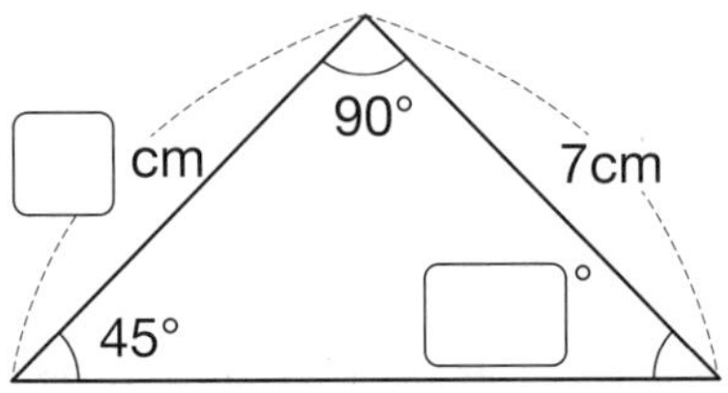

4
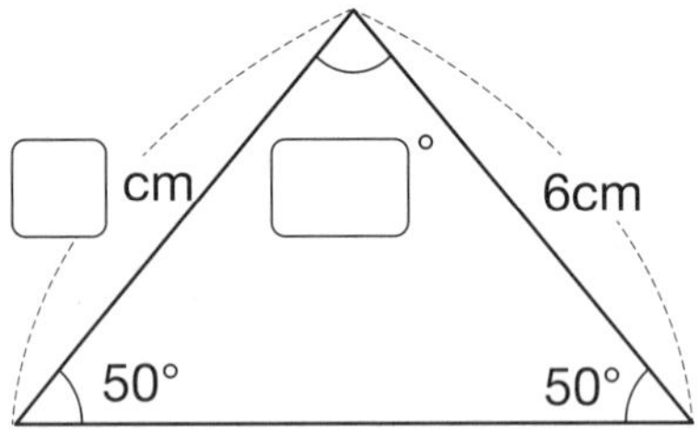

5
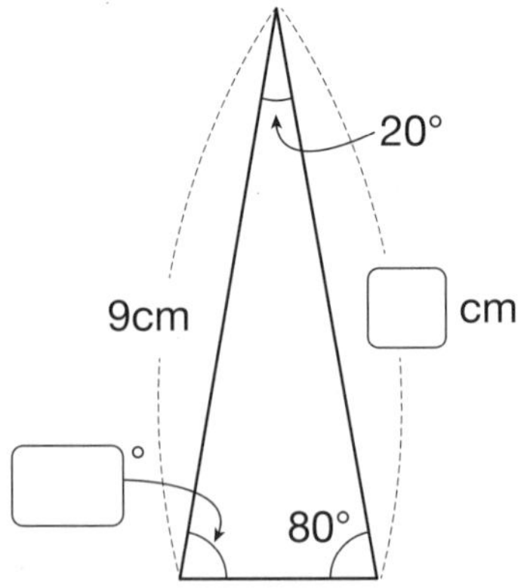

6
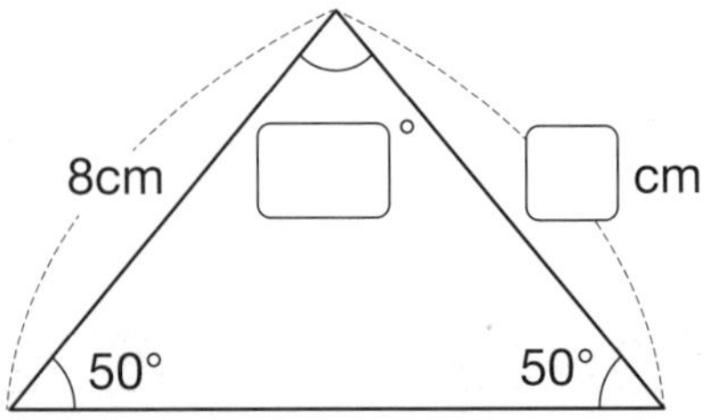

정답 103쪽

공부한 날짜	맞힌 개수	걸린 시간
월 일	/14	분

정삼각형입니다. □ 안에 알맞은 수를 써넣으세요.

7

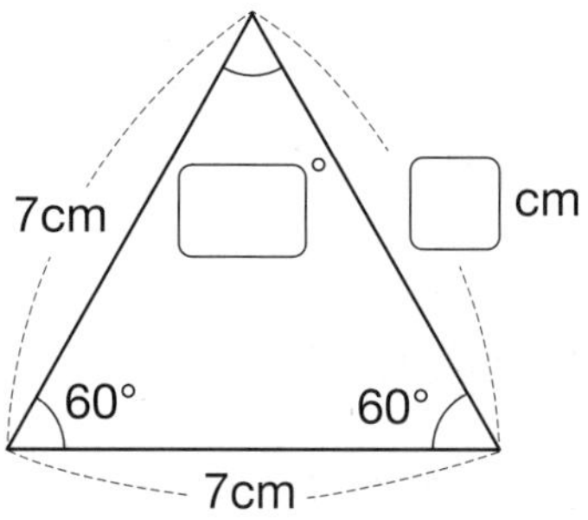

11

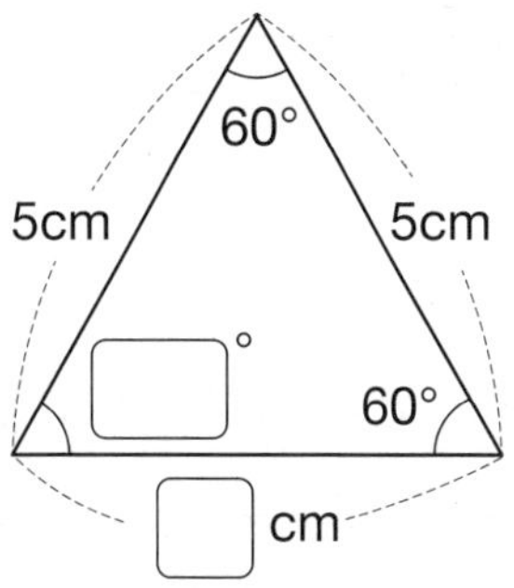

8

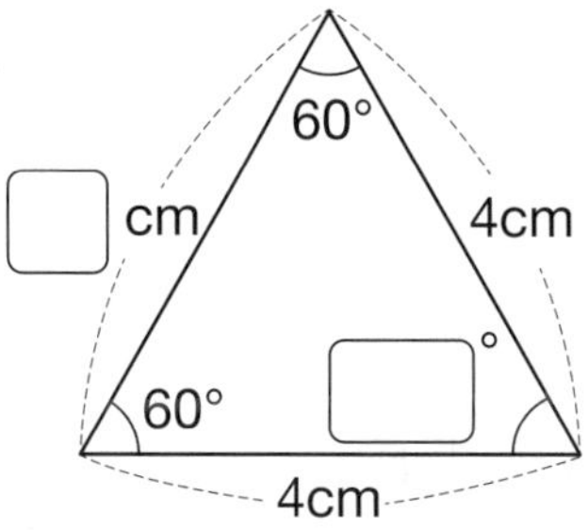

12

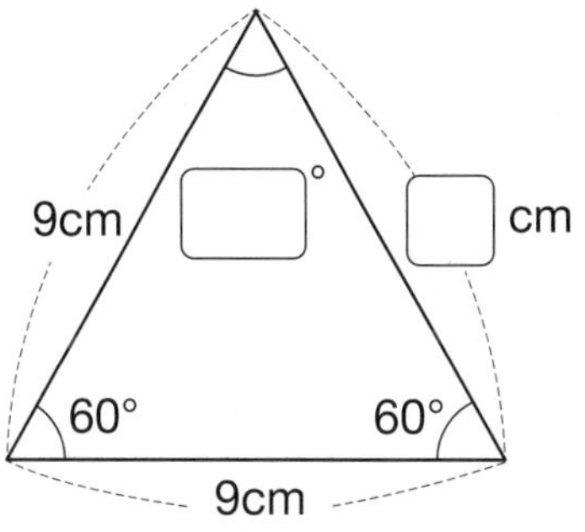

9

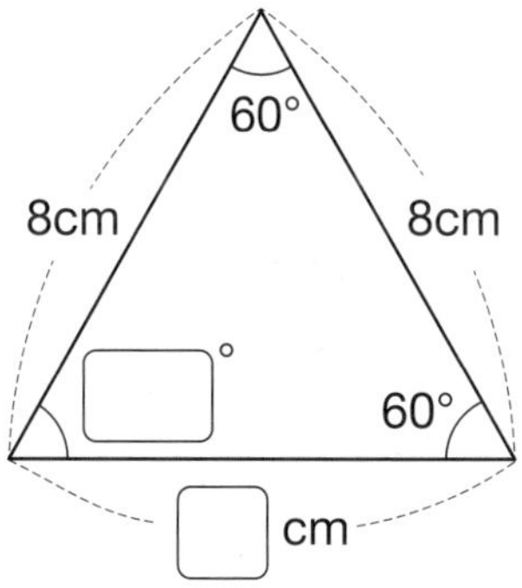

13

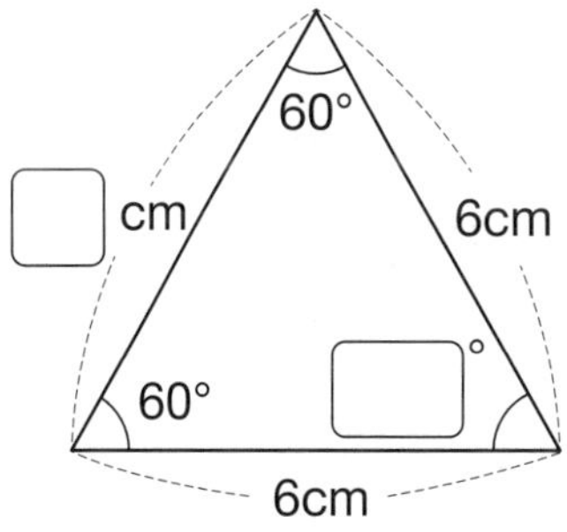

10

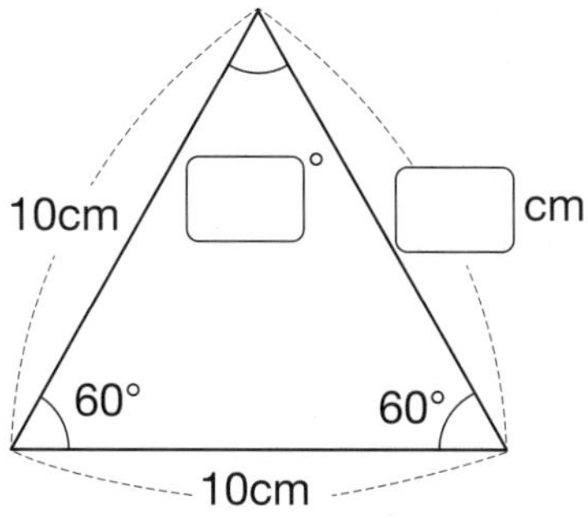

14

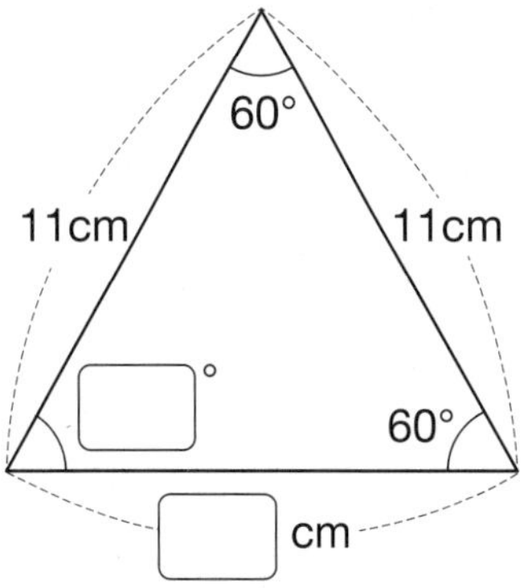

02 평행사변형의 각도와 길이 구하기 A

○ 평행사변형

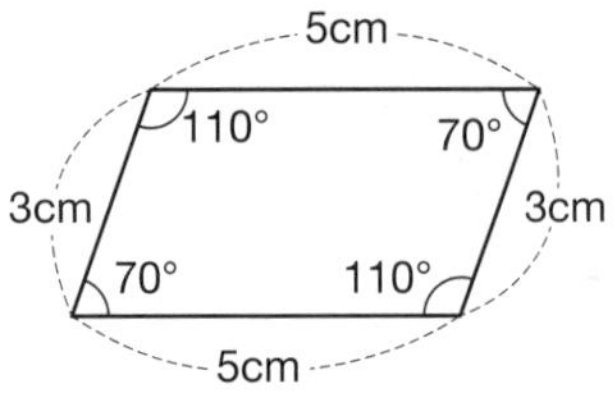

- 마주 보는 두 각의 크기가 같습니다.
- 이웃한 두 각의 크기의 합이 180°입니다.

➡ 평행사변형은 마주 보는 변의 길이가 서로 같고, 마주 보는 각의 크기가 서로 같습니다.

원리 비법 평행사변형의 마주 보는 변은 **평행**해!

◆ 평행사변형입니다. □ 안에 알맞은 수를 써넣으세요.

1

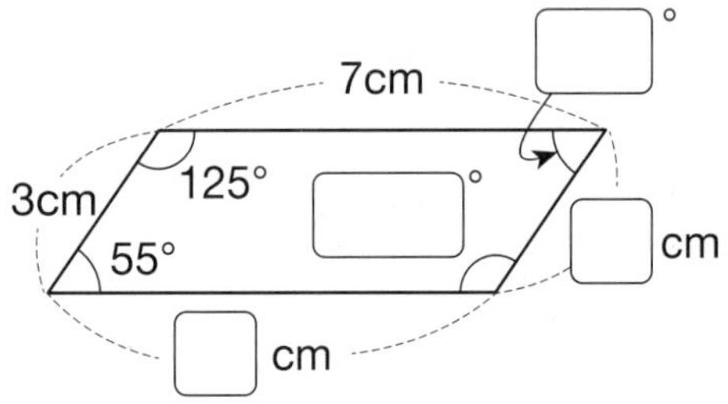

4

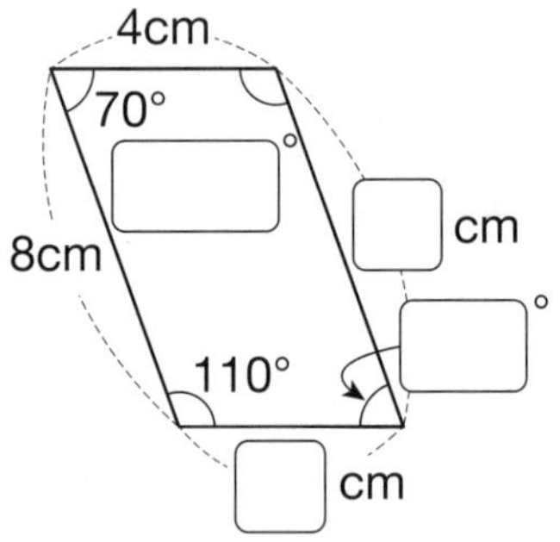

2

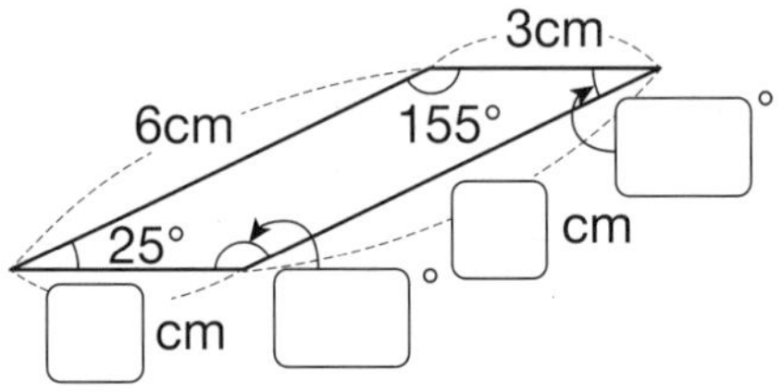

5

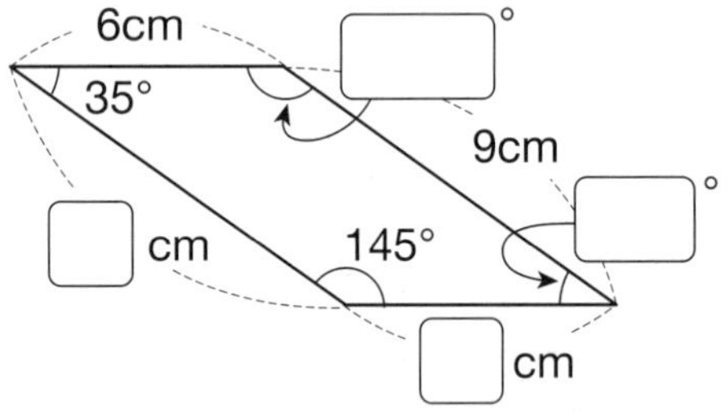

3

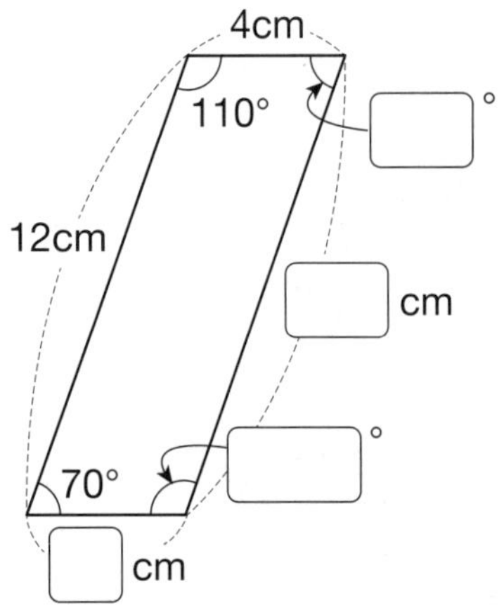

6

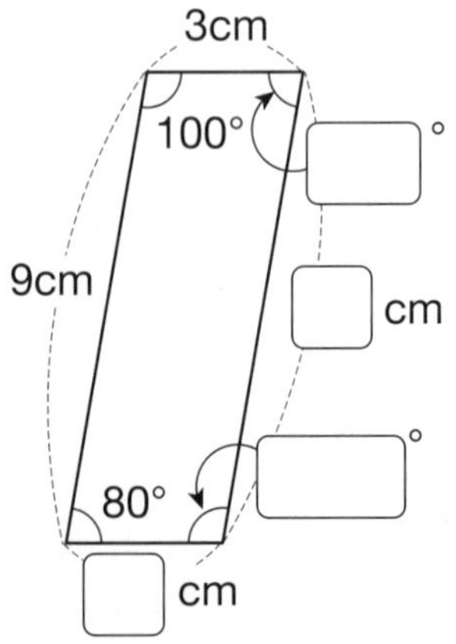

정답 103쪽

공부한 날짜	맞힌 개수	걸린 시간
월 일	/14	분

평행사변형입니다. □ 안에 알맞은 수를 써넣으세요.

7
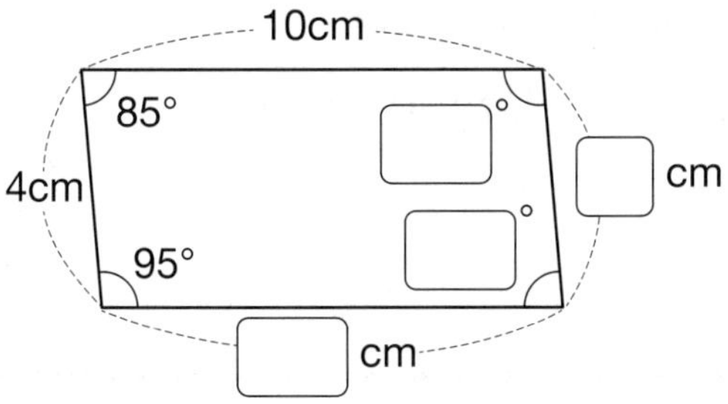

11
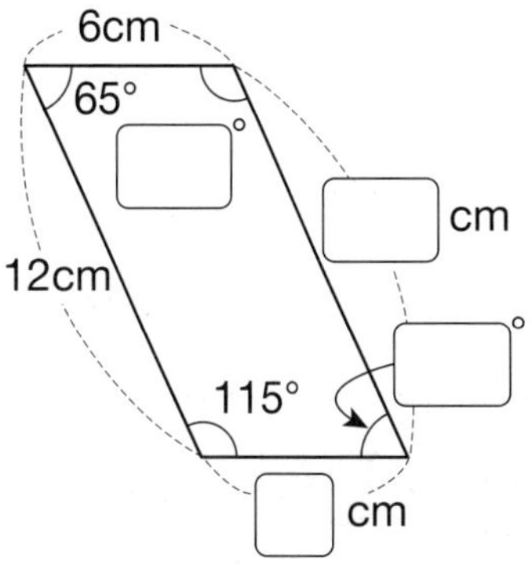

8
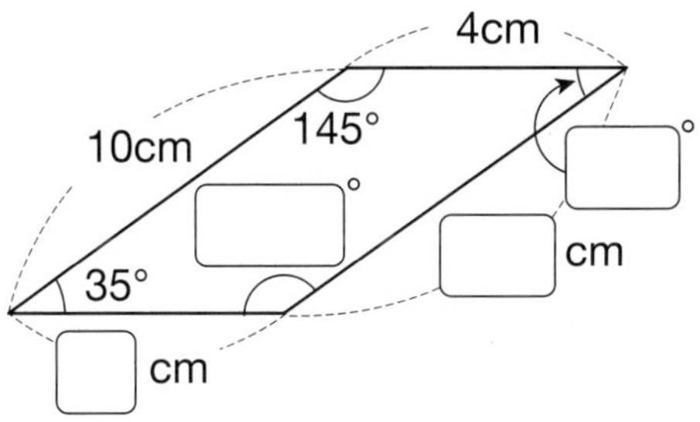

12
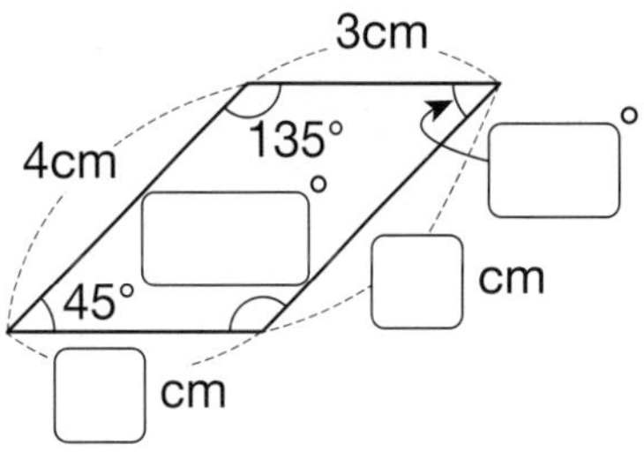

9
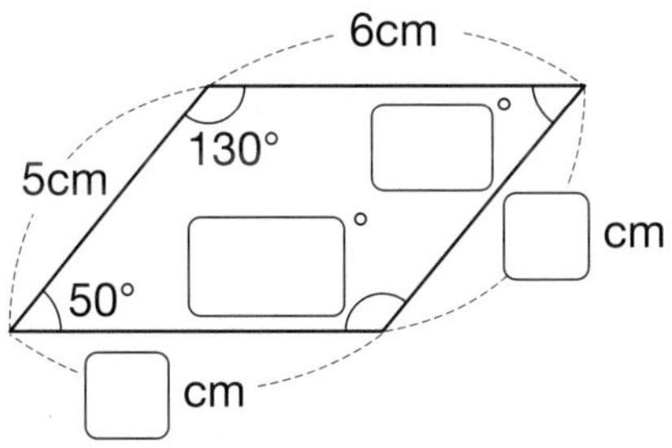

13
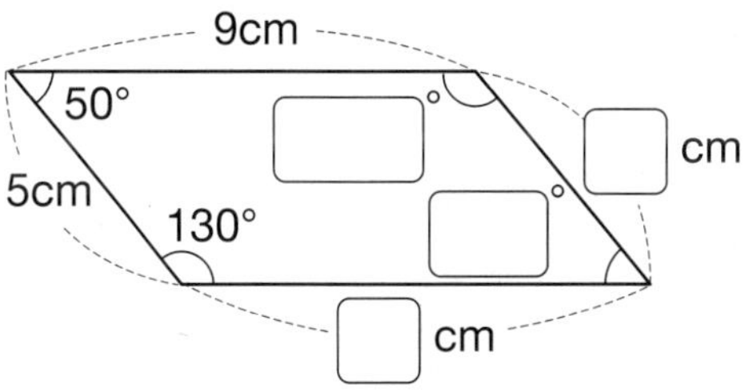

10
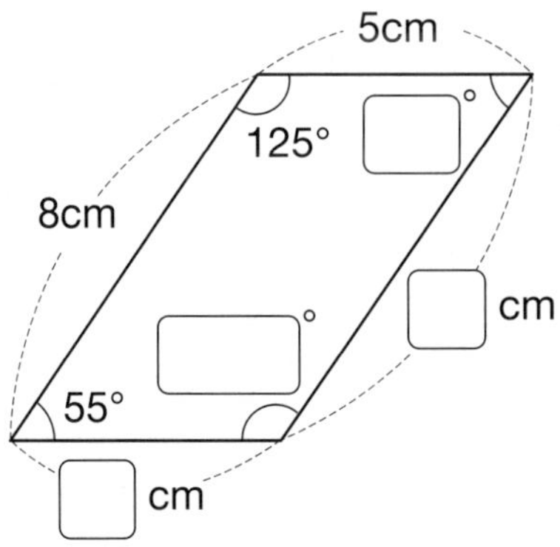

14
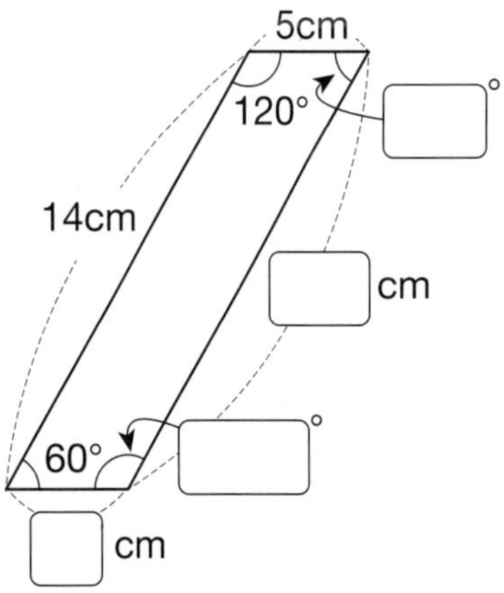

03 마름모의 각도와 길이 구하기 A

마름모

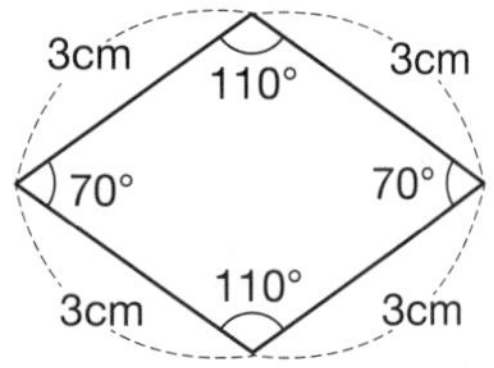

- 마주 보는 두 각의 크기가 같습니다.
- 이웃한 두 각의 크기의 합이 180°입니다.

➡ 네 변의 길이가 모두 같은 사각형을 마름모라고 합니다.

원리 비법 마름모는 평행사변형의 **특별한** 경우야!

마름모입니다. □ 안에 알맞은 수를 써넣으세요.

1

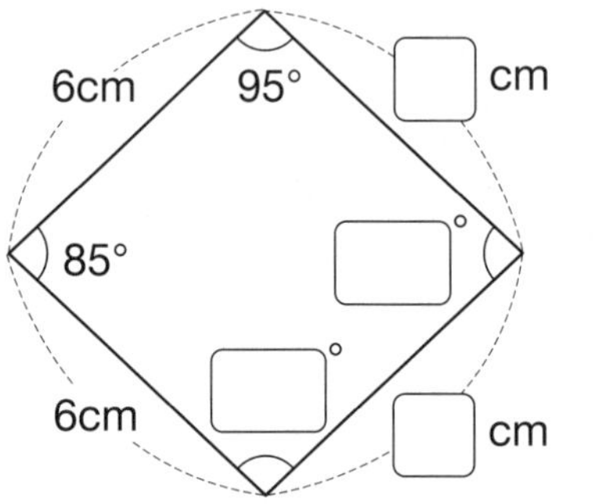

4

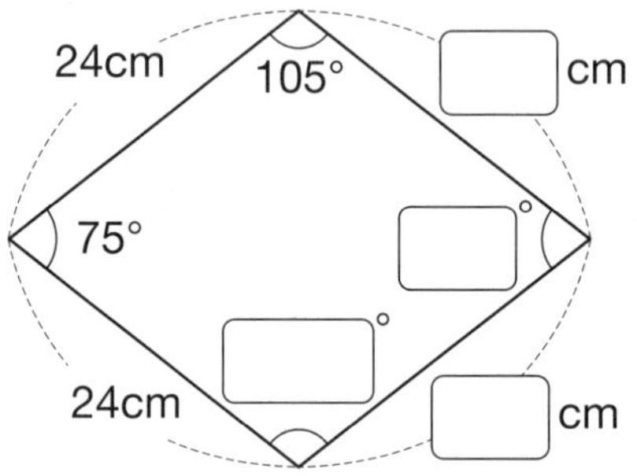

2

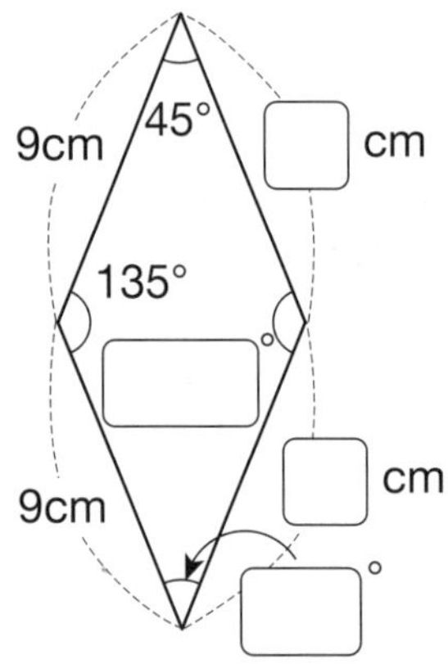

5

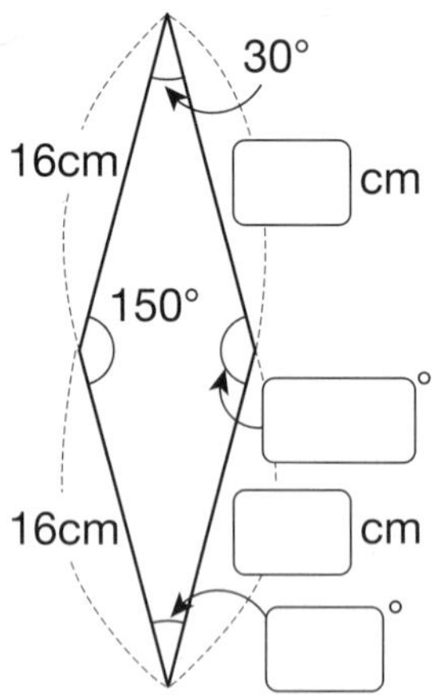

3

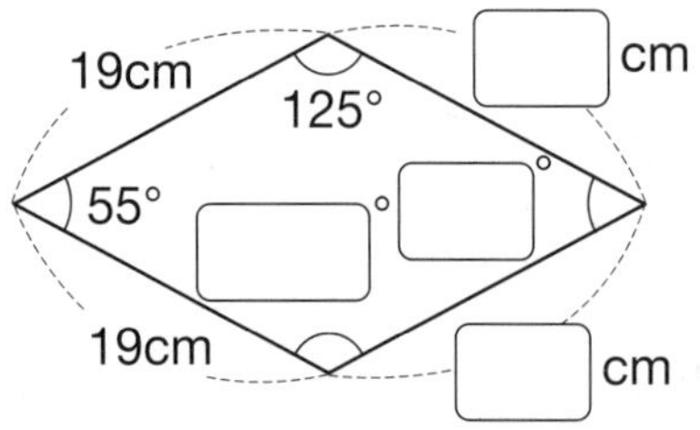

6

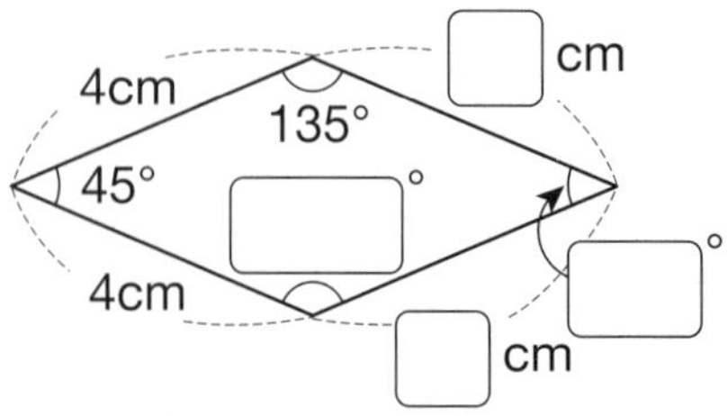

공부한 날짜	맞힌 개수	걸린 시간
월 일	/14	분

마름모입니다. □ 안에 알맞은 수를 써넣으세요.

7

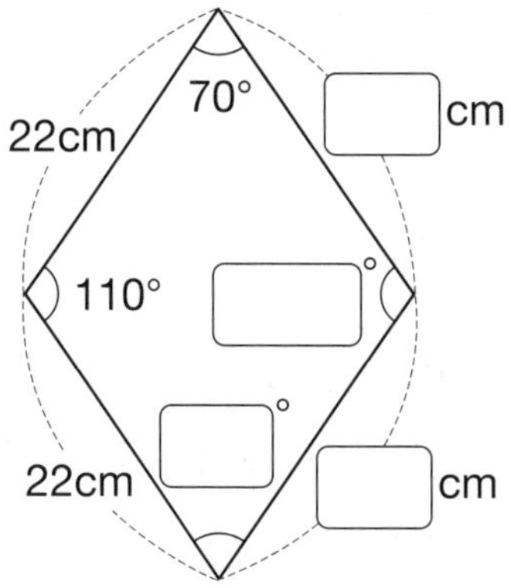

11

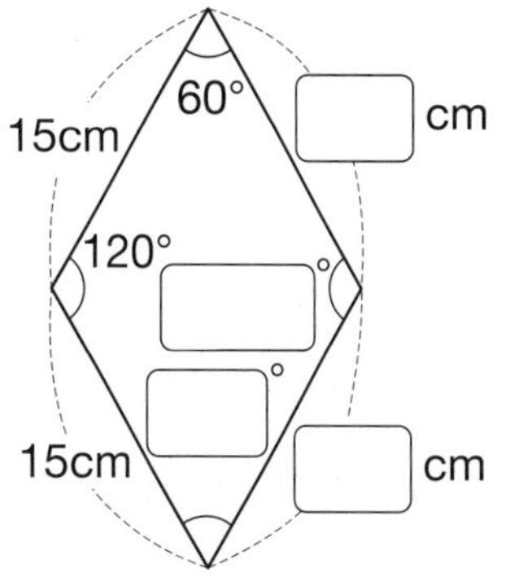

8

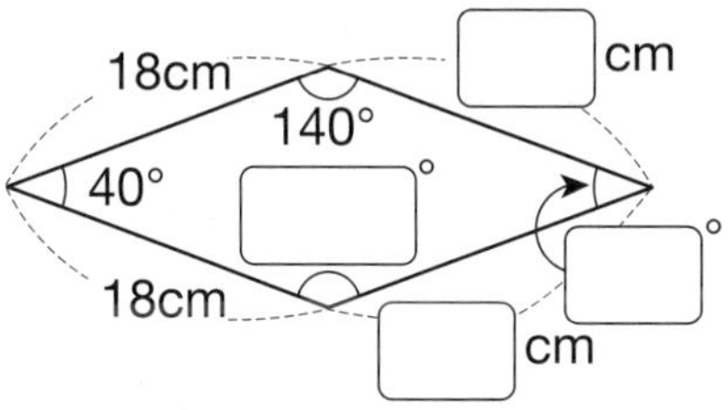

12

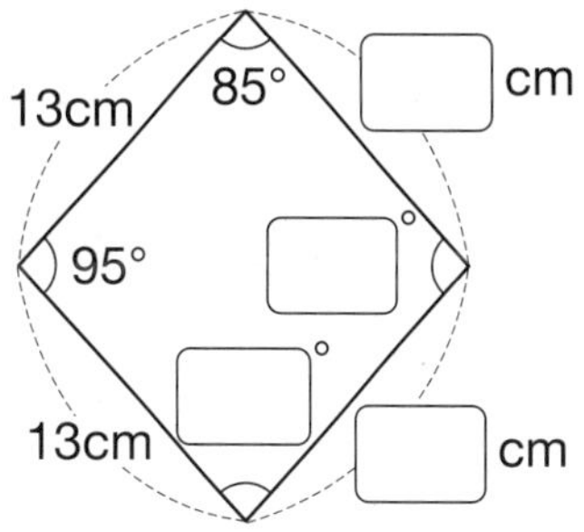

9

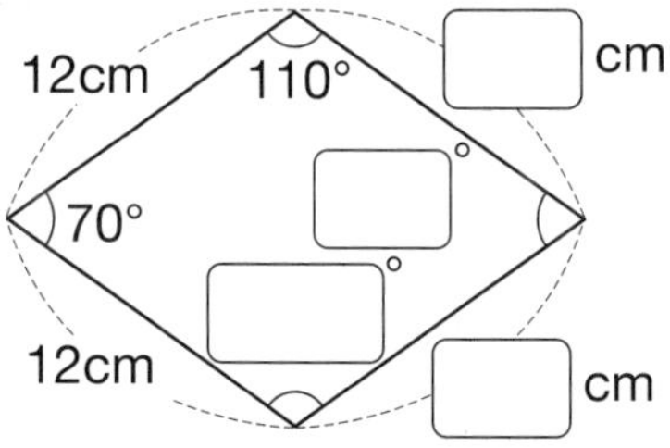

13

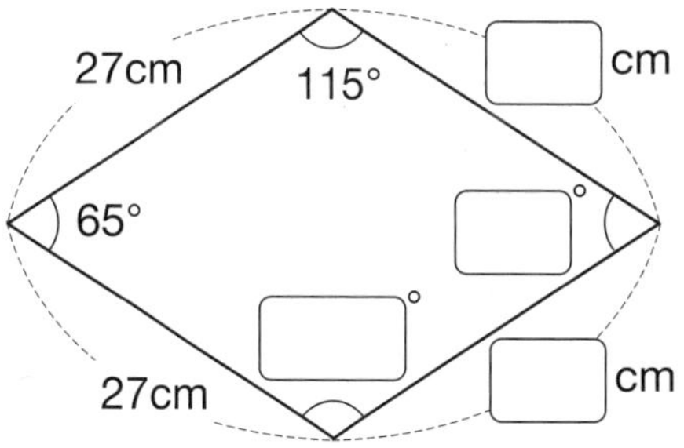

10

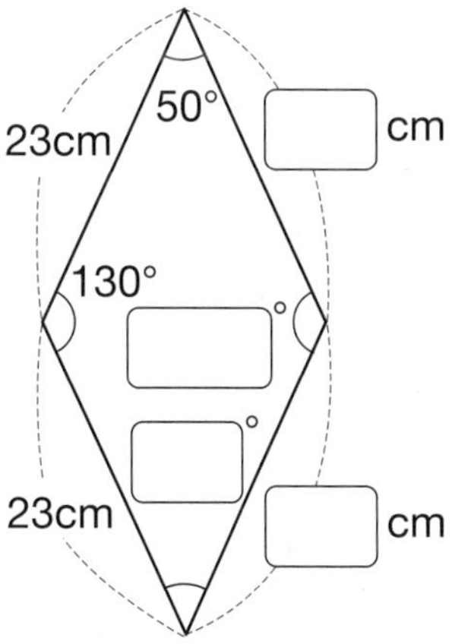

14

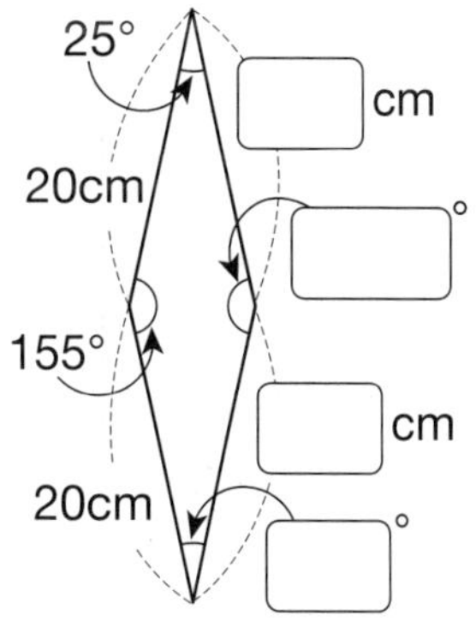

04 직사각형의 각도와 길이 구하기 A

직사각형

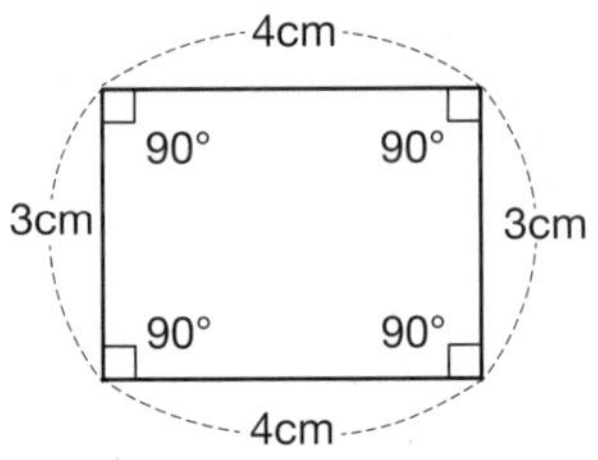

네 각이 모두 직각인 사각형을 직사각형이라 하며 마주 보는 두 변이 서로 평행하고 길이가 같습니다.

정사각형

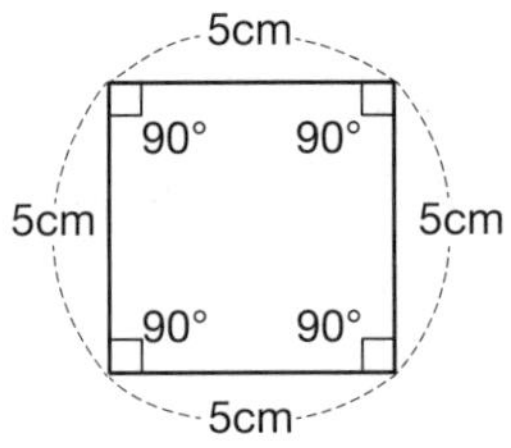

네 각이 크기와 네 변의 길이가 모두 같은 사각형을 정사각형이라 하며 네 각이 모두 직각이고 네 변의 길이가 모두 같습니다.

원리 비법 정사각형은 직사각형과 마름모의 **모든 조건**을 가졌어!

직사각형입니다. □ 안에 알맞은 수를 써넣으세요.

1

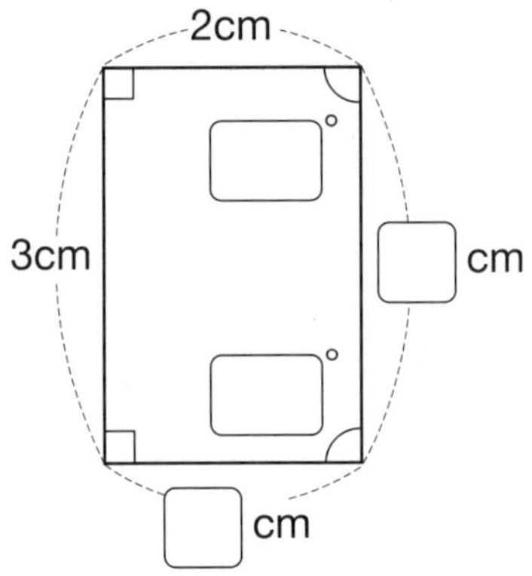

2

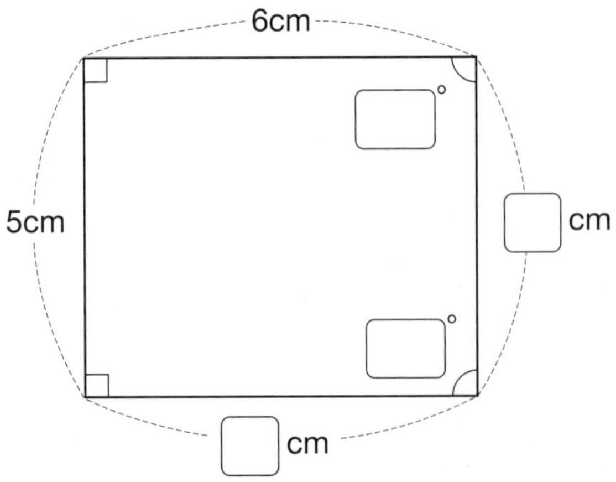

3

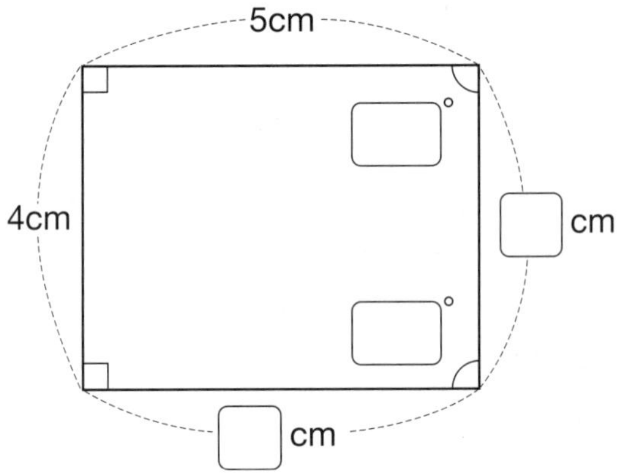

4

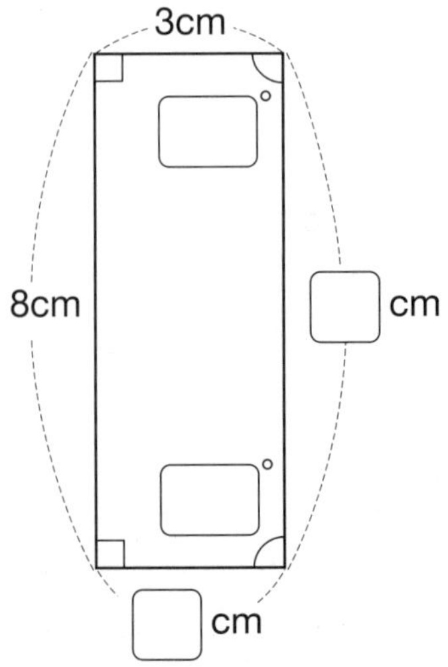

정답 103쪽

공부한 날짜	맞힌 개수	걸린 시간
월 일	/12	분

정사각형입니다. □ 안에 알맞은 수를 써넣으세요.

5
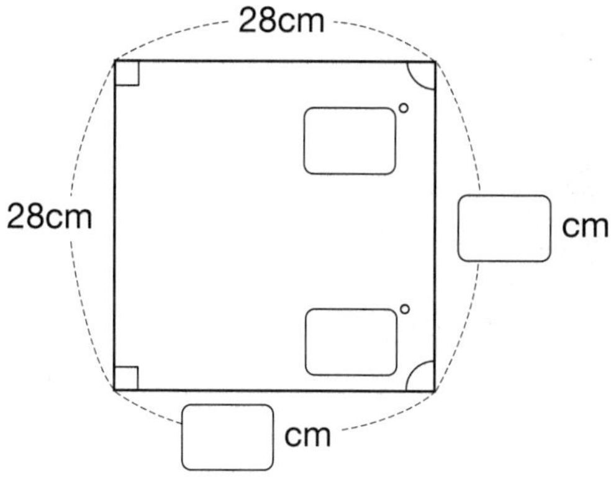

6
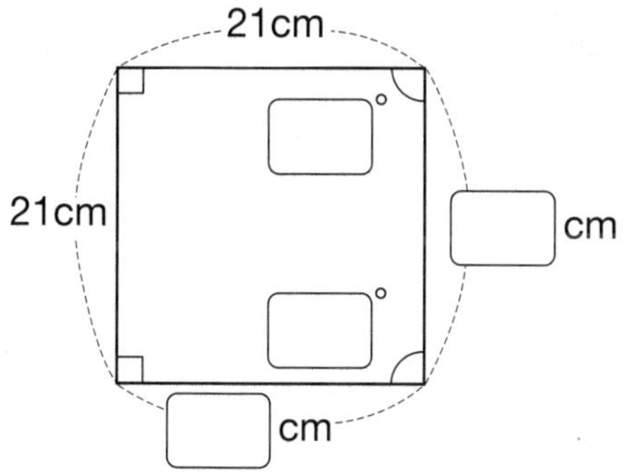

7
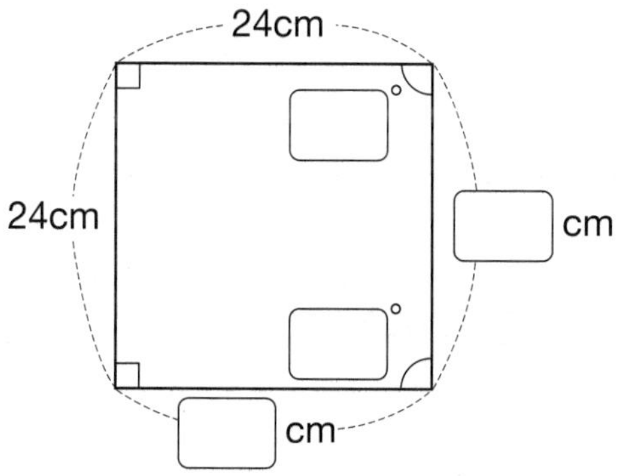

8
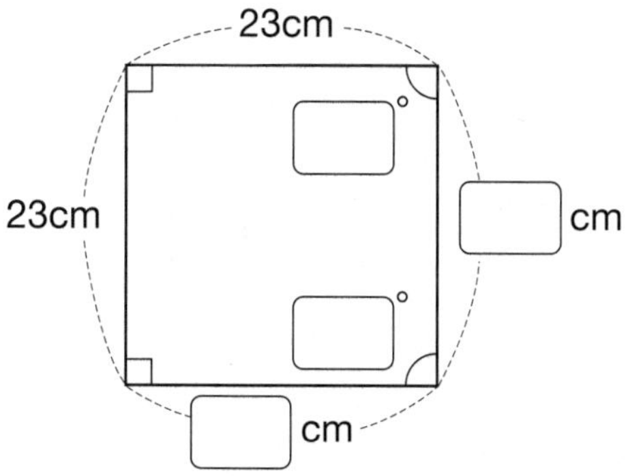

9
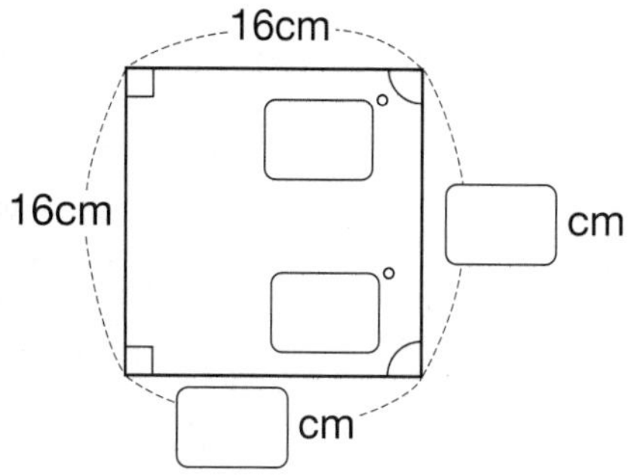

10
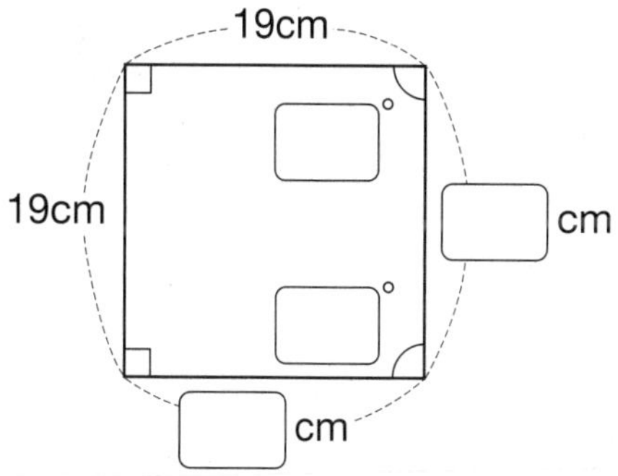

11
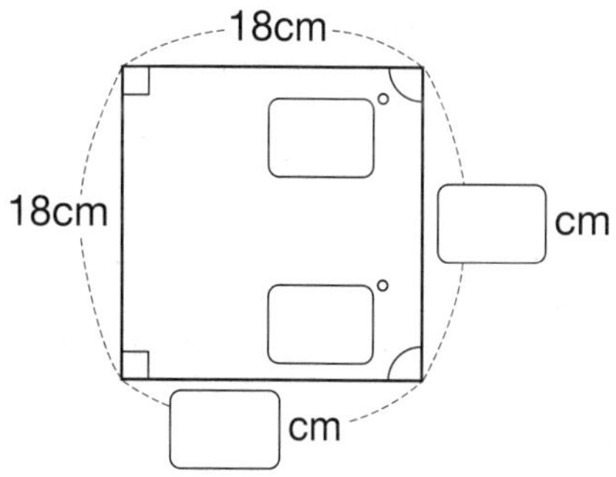

12
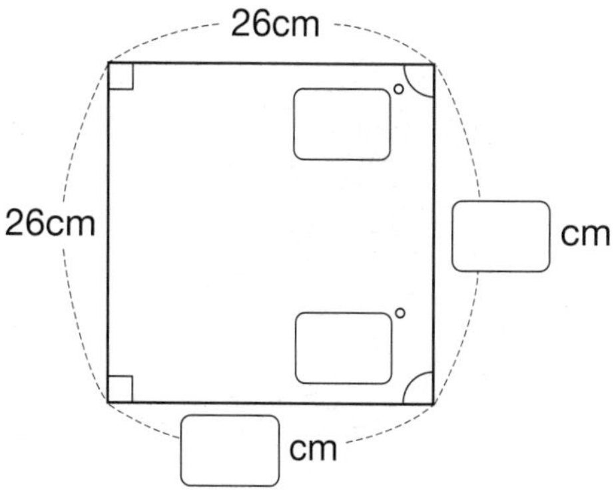

참 잘했어요!

이름 ____________________

위 어린이는 쌍둥이 연산 노트 4학년 2학기 과정을

스스로 꾸준히 훌륭하게 마쳤습니다.

이에 칭찬하여 이 상장을 드립니다.

년　　　월　　　일

정답

4·2

초등 8단계

예습책

6쪽 01 분모가 같은 진분수의 덧셈 A

❶ 4/2, 2, 4
❷ 4/3, 1, 4
❸ 3/2, 1, 3
❹ 3/2, 1, 3

7쪽

⑤ $\frac{6}{8}$
⑥ $\frac{3}{5}$
⑦ $\frac{3}{9}$
⑧ $\frac{7}{8}$
⑨ $\frac{7}{9}$
⑩ $\frac{5}{6}$
⑪ $\frac{7}{9}$
⑫ $\frac{5}{9}$
⑬ $\frac{2}{10}$
⑭ $\frac{2}{4}$
⑮ $\frac{3}{6}$
⑯ $\frac{5}{10}$
⑰ $\frac{7}{10}$
⑱ $\frac{6}{7}$
⑲ $\frac{4}{7}$
⑳ $\frac{4}{7}$
㉑ $\frac{5}{8}$
㉒ $\frac{4}{9}$
㉓ $\frac{6}{7}$
㉔ $\frac{8}{9}$
㉕ $\frac{4}{6}$

8쪽 02 분모가 같은 진분수의 덧셈 B

❶ 8/4, 4, 8, 1, 3
❷ 7/2, 5, 7, 1, 1
❸ 6/2, 4, 6, 1, 1
❹ 6/3, 3, 6, 1, 1

9쪽

⑤ $1\frac{7}{10}$
⑥ $1\frac{1}{4}$
⑦ $1\frac{2}{8}$
⑧ $1\frac{2}{10}$
⑨ $1\frac{4}{11}$
⑩ $1\frac{3}{6}$
⑪ $1\frac{2}{8}$
⑫ $1\frac{2}{5}$
⑬ $1\frac{3}{9}$
⑭ $1\frac{1}{9}$
⑮ $1\frac{2}{6}$
⑯ $1\frac{3}{7}$
⑰ $1\frac{1}{9}$
⑱ $1\frac{3}{10}$
⑲ $1\frac{2}{10}$
⑳ $1\frac{1}{7}$
㉑ $1\frac{4}{9}$
㉒ $1\frac{6}{10}$
㉓ $1\frac{2}{9}$
㉔ $1\frac{3}{10}$
㉕ $1\frac{6}{11}$

10쪽 03 분모가 같은 대분수의 덧셈 A

❶ 2, 2, 2, 3, 4, 5
❷ 2, 2, 1, 1, 4, 2
❸ 2, 1, 1, 2, 3, 3
❹ 2, 2, 1, 2, 4, 3
❺ 1, 3, 1, 6, 4, 7
❻ 2, 2, 2, 3, 4, 5

11쪽

⑦ $2\frac{5}{8}$
⑧ $4\frac{6}{7}$
⑨ $4\frac{2}{9}$
⑩ $4\frac{2}{7}$
⑪ $3\frac{2}{3}$
⑫ $4\frac{4}{9}$
⑬ $4\frac{6}{7}$
⑭ $4\frac{4}{6}$
⑮ $4\frac{8}{9}$
⑯ $4\frac{2}{5}$
⑰ $2\frac{8}{9}$
⑱ $4\frac{7}{8}$
⑲ $4\frac{5}{7}$
⑳ $2\frac{4}{6}$
㉑ $4\frac{4}{9}$
㉒ $4\frac{2}{6}$
㉓ $4\frac{5}{8}$
㉔ $4\frac{2}{4}$
㉕ $4\frac{7}{9}$
㉖ $3\frac{2}{8}$
㉗ $4\frac{3}{9}$

12쪽 04 분모가 같은 대분수의 덧셈 B

❶ 10, 17, 27, 3, 6
❷ 19, 12, 31, 3, 7
❸ 5, 10, 15, 3, 3
❹ 21, 21, 42, 4, 6
❺ 13, 13, 26, 2, 8
❻ 11, 16, 27, 5, 2
❼ 7, 15, 22, 3, 4
❽ 10, 20, 30, 3, 6

13쪽

⑨ $3\frac{8}{9}$
⑩ $3\frac{6}{8}$
⑪ $5\frac{2}{7}$
⑫ $4\frac{5}{9}$
⑬ $3\frac{3}{6}$
⑭ $5\frac{6}{8}$
⑮ $3\frac{4}{9}$
⑯ $2\frac{6}{7}$
⑰ $5\frac{3}{5}$
⑱ $4\frac{7}{9}$
⑲ $4\frac{2}{4}$
⑳ $5\frac{2}{9}$
㉑ $3\frac{4}{7}$
㉒ $5\frac{4}{6}$
㉓ $2\frac{4}{6}$
㉔ $3\frac{3}{9}$
㉕ $5\frac{4}{7}$
㉖ $5\frac{5}{8}$
㉗ $2\frac{2}{3}$
㉘ $5\frac{8}{9}$
㉙ $4\frac{3}{4}$

05 진분수 부분의 합이 1보다 큰 대분수의 덧셈 (A)

14쪽

① 1, 1, 2, 3, 3, 1
② 1, 2, 3, 4, 4, 1
③ 2, 2, 2, 2, 5, 1
④ 1, 3, 2, 7, 5, 1
⑤ 1, 2, 2, 4, 4, 1
⑥ 1, 3, 2, 6, 5, 1

15쪽

⑦ $4\frac{3}{6}$
⑧ $6\frac{1}{5}$
⑨ $5\frac{2}{6}$
⑩ $6\frac{2}{6}$
⑪ $7\frac{2}{4}$
⑫ $5\frac{2}{8}$
⑬ $5\frac{3}{5}$
⑭ $5\frac{1}{8}$
⑮ $5\frac{1}{7}$
⑯ $5\frac{3}{9}$
⑰ $5\frac{5}{7}$
⑱ $5\frac{3}{7}$
⑲ $5\frac{1}{8}$
⑳ $3\frac{3}{7}$
㉑ $5\frac{2}{6}$
㉒ $5\frac{1}{9}$
㉓ $4\frac{1}{3}$
㉔ $5\frac{4}{6}$
㉕ $6\frac{6}{8}$
㉖ $6\frac{2}{5}$
㉗ $5\frac{1}{9}$

06 진분수 부분의 합이 1보다 큰 대분수의 덧셈 (B)

16쪽

① 22, 23, 45, 7, 3
② 5, 5, 10, 3, 1
③ 9, 19, 28, 5, 3
④ 17, 26, 43, 4, 7
⑤ 11, 15, 26, 6, 2
⑥ 14, 31, 45, 5, 5
⑦ 13, 25, 38, 4, 2
⑧ 18, 25, 43, 6, 1

17쪽

⑨ $4\frac{1}{9}$
⑩ $3\frac{4}{9}$
⑪ $5\frac{2}{4}$
⑫ $5\frac{3}{8}$
⑬ $6\frac{1}{6}$
⑭ $5\frac{7}{9}$
⑮ $6\frac{4}{8}$
⑯ $5\frac{1}{5}$
⑰ $3\frac{1}{8}$
⑱ $6\frac{1}{7}$
⑲ $5\frac{2}{7}$
⑳ $5\frac{4}{9}$
㉑ $4\frac{1}{8}$
㉒ $6\frac{5}{7}$
㉓ $6\frac{3}{7}$
㉔ $6\frac{1}{3}$
㉕ $6\frac{5}{9}$
㉖ $5\frac{2}{9}$
㉗ $7\frac{1}{5}$
㉘ $3\frac{2}{5}$
㉙ $4\frac{1}{4}$

18쪽 01 분모가 같은 진분수의 뺄셈 A

① 1/2, 1, 1
② 2/3, 1, 2
③ 2/5, 3, 2
④ 2/4, 2, 2

19쪽

⑤ 1/2, 1, 1
⑥ 1/3, 2, 1
⑦ 1/3, 2, 1
⑧ 3/6, 3, 3
⑨ 3/5, 2, 3
⑩ 2/3, 1, 2

20쪽 02 분모가 같은 진분수의 뺄셈 B

① 5, 4, 1
② 3, 1, 2
③ 3, 2, 1
④ 7, 6, 1
⑤ 7, 2, 5
⑥ 4, 2, 2
⑦ 5, 3, 2
⑧ 4, 2, 2
⑨ 2, 1, 1
⑩ 5, 1, 4

21쪽

⑪ $\frac{2}{6}$
⑫ $\frac{3}{9}$
⑬ $\frac{4}{10}$
⑭ $\frac{1}{7}$
⑮ $\frac{2}{7}$
⑯ $\frac{5}{8}$
⑰ $\frac{1}{8}$
⑱ $\frac{7}{10}$
⑲ $\frac{2}{6}$
⑳ $\frac{3}{10}$
㉑ $\frac{2}{8}$
㉒ $\frac{3}{7}$
㉓ $\frac{1}{6}$
㉔ $\frac{5}{9}$
㉕ $\frac{1}{5}$
㉖ $\frac{3}{9}$
㉗ $\frac{3}{7}$
㉘ $\frac{1}{4}$
㉙ $\frac{1}{8}$
㉚ $\frac{4}{9}$
㉛ $\frac{1}{6}$

22쪽 03 (대분수) − (대분수) A

① 5, 1, 5, 4, 4, 1
② 5, 1, 6, 3, 4, 3
③ 5, 1, 2, 1, 4, 1
④ 5, 1, 3, 2, 4, 1
⑤ 5, 1, 6, 5, 4, 1
⑥ 4, 2, 3, 1, 2, 2

23쪽

⑦ $3\frac{1}{5}$
⑧ $3\frac{5}{7}$
⑨ $3\frac{1}{5}$
⑩ $2\frac{1}{7}$
⑪ $4\frac{3}{6}$
⑫ $3\frac{3}{5}$
⑬ $3\frac{2}{6}$
⑭ $4\frac{1}{7}$
⑮ $3\frac{1}{6}$
⑯ $4\frac{2}{5}$
⑰ $3\frac{1}{3}$
⑱ $4\frac{1}{7}$
⑲ $2\frac{1}{5}$
⑳ $4\frac{1}{6}$
㉑ $3\frac{2}{6}$
㉒ $2\frac{1}{4}$
㉓ $3\frac{1}{6}$
㉔ $4\frac{2}{7}$
㉕ $2\frac{2}{4}$
㉖ $3\frac{1}{4}$
㉗ $2\frac{4}{6}$

24쪽 04 (대분수) − (대분수) B

① 23, 10, 13, 2, 1
② 17, 7, 10, 3, 1
③ 28, 17, 11, 2, 1
④ 27, 8, 19, 3, 1
⑤ 23, 14, 9, 2, 1
⑥ 35, 13, 22, 3, 4
⑦ 41, 25, 16, 2, 2
⑧ 29, 8, 21, 4, 1

25쪽

⑨ $2\frac{3}{7}$
⑩ $3\frac{1}{6}$
⑪ $3\frac{2}{5}$
⑫ $2\frac{1}{6}$
⑬ $2\frac{3}{7}$
⑭ $3\frac{2}{6}$
⑮ $2\frac{2}{4}$
⑯ $2\frac{1}{7}$
⑰ $2\frac{2}{5}$
⑱ $3\frac{2}{7}$
⑲ $2\frac{1}{3}$
⑳ $3\frac{3}{7}$
㉑ $4\frac{2}{6}$
㉒ $3\frac{1}{7}$
㉓ $3\frac{2}{5}$
㉔ $3\frac{1}{7}$
㉕ $2\frac{3}{6}$
㉖ $3\frac{1}{7}$
㉗ $3\frac{2}{4}$
㉘ $4\frac{3}{5}$
㉙ $3\frac{3}{6}$

26쪽 05 (대분수) − (가분수) A

❶ 27, 13, 2, 1
❷ 17, 10, 3, 1
❸ 24, 13, 2, 3
❹ 28, 22, 4, 2
❺ 22, 13, 3, 1
❻ 28, 15, 2, 3
❼ 41, 22, 3, 1
❽ 23, 13, 3, 1

27쪽

❾ $3\frac{1}{5}$
❿ $4\frac{1}{6}$
⓫ $3\frac{1}{5}$
⓬ $4\frac{1}{6}$
⓭ $4\frac{2}{6}$
⓮ $2\frac{2}{4}$
⓯ $3\frac{2}{7}$
⓰ $4\frac{3}{7}$
⓱ $3\frac{1}{3}$
⓲ $3\frac{1}{7}$
⓳ $3\frac{2}{7}$
⓴ $3\frac{2}{7}$
㉑ $3\frac{1}{7}$
㉒ $2\frac{1}{5}$
㉓ $4\frac{4}{6}$
㉔ $2\frac{4}{7}$
㉕ $3\frac{2}{6}$
㉖ $2\frac{2}{4}$
㉗ $2\frac{3}{6}$
㉘ $2\frac{1}{7}$
㉙ $3\frac{1}{7}$

28쪽 06 (자연수) − (대분수) A

❶ 4, 4, 1, 4, 2, 3, 2
❷ 5, 2, 1, 5, 3, 1, 2
❸ 4, 4, 3, 4, 1, 1, 3
❹ 7, 4, 2, 7, 1, 2, 6
❺ 3, 4, 3, 3, 1, 1, 2
❻ 7, 4, 1, 7, 2, 3, 5

29쪽

❼ $3\frac{6}{7}$
❽ $6\frac{4}{5}$
❾ $1\frac{5}{7}$
❿ $2\frac{5}{6}$
⓫ $5\frac{3}{4}$
⓬ $3\frac{4}{5}$
⓭ $7\frac{4}{7}$
⓮ $6\frac{5}{7}$
⓯ $2\frac{3}{6}$
⓰ $5\frac{2}{3}$
⓱ $1\frac{4}{7}$
⓲ $3\frac{2}{6}$
⓳ $4\frac{5}{7}$
⓴ $1\frac{3}{6}$
㉑ $3\frac{3}{4}$
㉒ $1\frac{3}{7}$
㉓ $3\frac{4}{6}$
㉔ $4\frac{3}{5}$
㉕ $7\frac{3}{6}$
㉖ $1\frac{2}{4}$
㉗ $1\frac{2}{5}$

30쪽 07 (자연수) − (대분수) B

❶ 30, 8, 22, 4, 2
❷ 30, 7, 23, 7, 2
❸ 28, 9, 19, 2, 5
❹ 54, 13, 41, 6, 5
❺ 56, 11, 45, 6, 3
❻ 54, 8, 46, 7, 4
❼ 20, 6, 14, 3, 2
❽ 15, 7, 8, 1, 3

31쪽

❾ $3\frac{3}{4}$
❿ $3\frac{4}{5}$
⓫ $6\frac{5}{6}$
⓬ $2\frac{3}{4}$
⓭ $4\frac{5}{7}$
⓮ $1\frac{3}{5}$
⓯ $3\frac{4}{6}$
⓰ $1\frac{2}{6}$
⓱ $2\frac{5}{6}$
⓲ $4\frac{2}{3}$
⓳ $2\frac{4}{5}$
⓴ $2\frac{4}{7}$
㉑ $2\frac{5}{6}$
㉒ $2\frac{4}{7}$
㉓ $6\frac{5}{7}$
㉔ $2\frac{2}{4}$
㉕ $3\frac{5}{6}$
㉖ $1\frac{4}{7}$
㉗ $4\frac{4}{5}$
㉘ $3\frac{3}{7}$
㉙ $2\frac{3}{4}$

32쪽 08 받아내림이 있는 대분수끼리의 뺄셈 A

❶ 6, 4, 3, 6, 2, 1, 4
❷ 10, 3, 1, 10, 5, 2, 5
❸ 8, 4, 1, 8, 2, 3, 6
❹ 9, 3, 2, 9, 3, 1, 6
❺ 8, 2, 1, 8, 5, 1, 3
❻ 5, 3, 2, 5, 2, 1, 3

33쪽

❼ $1\frac{6}{7}$
❽ $2\frac{4}{6}$
❾ $1\frac{2}{3}$
❿ $2\frac{6}{7}$
⓫ $1\frac{4}{5}$
⓬ $1\frac{4}{7}$
⓭ $1\frac{3}{4}$
⓮ $2\frac{5}{6}$
⓯ $2\frac{3}{4}$
⓰ $2\frac{4}{7}$
⓱ $1\frac{3}{4}$
⓲ $2\frac{4}{6}$
⓳ $1\frac{3}{5}$
⓴ $2\frac{2}{7}$
㉑ $2\frac{4}{5}$
㉒ $3\frac{6}{7}$
㉓ $1\frac{3}{4}$
㉔ $1\frac{3}{6}$
㉕ $1\frac{5}{7}$
㉖ $2\frac{4}{6}$
㉗ $2\frac{3}{5}$

34쪽 09 받아내림이 있는 대분수끼리의 뺄셈 B

❶ 26, 14, 12, 2, 2
❷ 14, 7, 7, 1, 3
❸ 16, 11, 5, 1, 2
❹ 17, 6, 11, 2, 3
❺ 16, 5, 11, 3, 2
❻ 30, 10, 20, 2, 6
❼ 23, 9, 14, 2, 4
❽ 21, 11, 10, 2, 2

35쪽

⑨ $1\frac{3}{4}$
⑩ $2\frac{4}{5}$
⑪ $2\frac{3}{5}$
⑫ $1\frac{3}{4}$
⑬ $1\frac{4}{6}$
⑭ $1\frac{5}{7}$
⑮ $1\frac{2}{3}$
⑯ $2\frac{3}{7}$
⑰ $2\frac{5}{7}$
⑱ $1\frac{2}{3}$
⑲ $1\frac{5}{6}$
⑳ $2\frac{3}{5}$
㉑ $1\frac{5}{6}$
㉒ $1\frac{4}{5}$
㉓ $2\frac{3}{4}$
㉔ $1\frac{2}{5}$
㉕ $2\frac{4}{6}$
㉖ $2\frac{3}{5}$
㉗ $1\frac{2}{4}$
㉘ $2\frac{4}{7}$
㉙ $2\frac{2}{6}$

36쪽 01 (소수 한 자리 수)+(소수 두 자리 수) A

① 0.34	⑤ 0.82	⑨ 0.57
② 0.64	⑥ 0.54	⑩ 0.45
③ 0.69	⑦ 0.81	⑪ 0.81
④ 0.87	⑧ 0.97	⑫ 0.73

37쪽

⑬ 0.52	⑳ 0.89	㉗ 0.39
⑭ 0.85	㉑ 0.57	㉘ 0.77
⑮ 0.63	㉒ 0.84	㉙ 0.78
⑯ 0.81	㉓ 0.99	㉚ 0.45
⑰ 0.69	㉔ 0.75	㉛ 0.77
⑱ 0.59	㉕ 0.94	㉜ 0.42
⑲ 0.78	㉖ 0.79	㉝ 0.22

40쪽 03 (소수 두 자리 수)+(소수 두 자리 수) A

① 0.47	⑤ 0.74	⑨ 0.56
② 0.58	⑥ 0.86	⑩ 0.59
③ 0.88	⑦ 0.85	⑪ 0.93
④ 0.77	⑧ 0.82	⑫ 0.78

41쪽

⑬ 0.66	⑳ 0.68	㉗ 0.68
⑭ 0.87	㉑ 0.87	㉘ 0.37
⑮ 0.37	㉒ 0.96	㉙ 0.67
⑯ 0.82	㉓ 0.39	㉚ 0.94
⑰ 0.97	㉔ 0.87	㉛ 0.95
⑱ 0.62	㉕ 0.68	㉜ 0.77
⑲ 0.45	㉖ 0.78	㉝ 0.88

38쪽 02 (소수 한 자리 수)+(소수 두 자리 수) B

① 1.24	⑤ 1.49	⑨ 1.24
② 1.13	⑥ 1.48	⑩ 1.58
③ 1.08	⑦ 1.28	⑪ 1.51
④ 1.22	⑧ 1.22	⑫ 1.16

39쪽

⑬ 1.47	⑳ 1.08	㉗ 1.22
⑭ 1.31	㉑ 1.67	㉘ 1.06
⑮ 1.11	㉒ 1.76	㉙ 1.55
⑯ 1.43	㉓ 1.67	㉚ 1.17
⑰ 1.75	㉔ 1.34	㉛ 1.13
⑱ 1.34	㉕ 1.04	㉜ 1.26
⑲ 1.19	㉖ 1.15	㉝ 1.33

42쪽 04 (소수 두 자리 수)+(소수 두 자리 수) B

① 1.91	⑤ 1.51	⑨ 1.52
② 1.34	⑥ 1.32	⑩ 1.61
③ 1.31	⑦ 1.13	⑪ 1.42
④ 1.51	⑧ 1.32	⑫ 1.5

43쪽

⑬ 1.23	⑳ 1.71	㉗ 1.6
⑭ 1.83	㉑ 1.23	㉘ 1.42
⑮ 1.15	㉒ 1.71	㉙ 1.41
⑯ 1.43	㉓ 1.2	㉚ 1.2
⑰ 1.22	㉔ 1.51	㉛ 1.51
⑱ 1.63	㉕ 1.22	㉜ 1.74
⑲ 1.4	㉖ 1.31	㉝ 1.11

44쪽 05 1보다 큰 소수 한 자리 수의 덧셈 A

❶ 3.3	❺ 5.9	❾ 6.7
❷ 3.6	❻ 3.5	❿ 6.8
❸ 5.9	❼ 3.8	⓫ 3.5
❹ 6.6	❽ 3.6	⓬ 5.5

45쪽

⓭ 6.5	⓴ 5.8	㉗ 5.9
⓮ 3.8	㉑ 3.6	㉘ 2.6
⓯ 5.6	㉒ 3.7	㉙ 6.9
⓰ 5.8	㉓ 3.6	㉚ 2.8
⓱ 3.8	㉔ 3.3	㉛ 2.9
⓲ 2.2	㉕ 5.3	㉜ 5.5
⓳ 3.6	㉖ 6.7	㉝ 5.7

46쪽 06 1보다 큰 소수 한 자리 수의 덧셈 B

❶ 5.3	❺ 8.4	❾ 9.2
❷ 6.1	❻ 4.3	❿ 8
❸ 9.4	❼ 5.3	⓫ 6.5
❹ 10.5	❽ 7.2	⓬ 8.1

47쪽

⓭ 6.7	⓴ 9	㉗ 9.3
⓮ 5.1	㉑ 7.2	㉘ 4.2
⓯ 5.1	㉒ 9.6	㉙ 8.1
⓰ 7.1	㉓ 5.8	㉚ 10
⓱ 4.4	㉔ 8.1	㉛ 6
⓲ 9.5	㉕ 5	㉜ 6.5
⓳ 7	㉖ 7.1	㉝ 6.1

48쪽 07 1보다 큰 소수 두 자리 수의 덧셈 A

❶ 7.69	❺ 4.57	❾ 8.77
❷ 7.88	❻ 3.67	❿ 6.88
❸ 4.78	❼ 6.78	⓫ 6.57
❹ 5.68	❽ 9.78	⓬ 6.87

49쪽

⓭ 3.68	⓴ 5.67	㉗ 5.59
⓮ 7.76	㉑ 6.69	㉘ 5.87
⓯ 6.56	㉒ 5.79	㉙ 9.78
⓰ 8.89	㉓ 7.75	㉚ 7.79
⓱ 5.49	㉔ 3.77	㉛ 3.74
⓲ 4.85	㉕ 8.57	㉜ 5.79
⓳ 9.38	㉖ 5.69	㉝ 3.65

50쪽 08 1보다 큰 소수 두 자리 수의 덧셈 B

❶ 3.23	❺ 7.61	❾ 6.31
❷ 7.23	❻ 3.42	❿ 9.33
❸ 9.63	❼ 5.3	⓫ 5.41
❹ 6.22	❽ 4.14	⓬ 7.22

51쪽

⓭ 9.31	⓴ 5.51	㉗ 8.51
⓮ 7.41	㉑ 7.81	㉘ 6.42
⓯ 8.61	㉒ 6.11	㉙ 6.71
⓰ 4.6	㉓ 6.4	㉚ 7.52
⓱ 4.71	㉔ 5.32	㉛ 4.5
⓲ 4.13	㉕ 6.22	㉜ 9.83
⓳ 4.52	㉖ 3.41	㉝ 6.41

52쪽 09 자릿수가 다른 소수의 덧셈 (A)

❶ 3.64	❺ 3.45	❾ 5.63
❷ 5.82	❻ 2.85	❿ 3.85
❸ 3.75	❼ 2.71	⓫ 2.62
❹ 6.84	❽ 5.45	⓬ 3.86

53쪽

⓭ 5.56	⓴ 5.71	㉗ 6.42
⓮ 3.71	㉑ 2.73	㉘ 6.91
⓯ 2.73	㉒ 2.82	㉙ 5.33
⓰ 5.44	㉓ 5.61	㉚ 5.72
⓱ 5.73	㉔ 6.73	㉛ 2.57
⓲ 5.62	㉕ 6.33	㉜ 3.92
⓳ 3.74	㉖ 5.51	㉝ 5.61

54쪽 10 자릿수가 다른 소수의 덧셈 (B)

❶ 4.32	❺ 3.13	❾ 6.24
❷ 4.08	❻ 6.12	❿ 4.19
❸ 7.58	❼ 4.14	⓫ 6.27
❹ 6.46	❽ 6.42	⓬ 6.37

55쪽

⓭ 6.38	⓴ 4.68	㉗ 4.49
⓮ 4.56	㉑ 7.34	㉘ 6.79
⓯ 3.63	㉒ 6.53	㉙ 3.25
⓰ 4.03	㉓ 3.26	㉚ 3.39
⓱ 7.44	㉔ 4.24	㉛ 7.35
⓲ 7.16	㉕ 4.75	㉜ 6.47
⓳ 6.16	㉖ 4.33	㉝ 3.58

56쪽 11 세 소수의 덧셈 (A)

(계산 순서대로)

❶ 6, 7.1, 7.1	❺ 3.1, 4.3, 4.3
❷ 3.1, 5.3, 5.3	❻ 6.4, 7.7, 7.7
❸ 3.6, 4.8, 4.8	❼ 3.2, 4.8, 4.8
❹ 3.2, 4.7, 4.7	❽ 5.7, 5.8, 5.8

57쪽

❾ 4.2	⓰ 7.4	㉓ 4.9
❿ 8	⓱ 6	㉔ 4.5
⓫ 7.7	⓲ 4.6	㉕ 7.5
⓬ 5	⓳ 4.2	㉖ 7.8
⓭ 7.8	⓴ 4.7	㉗ 4.5
⓮ 8.1	㉑ 5.4	㉘ 4.5
⓯ 5.8	㉒ 4.6	㉙ 7.2

58쪽 01 (소수 한 자리 수) − (소수 두 자리 수) A

① 70, 36, 34, 0.34	⑤ 60, 31, 29. 0.29
② 40, 12, 28, 0.28	⑥ 50, 11, 39, 0.39
③ 90, 49, 41, 0.41	⑦ 80, 12, 68, 0.68
④ 50, 36, 14, 0.14	⑧ 70, 18, 52, 0.52

59쪽

⑨ 60, 46, 14, 0.14	⑭ 80, 63, 17. 0.17
⑩ 90, 65, 25, 0.25	⑮ 40, 23, 17, 0.17
⑪ 80, 48, 32, 0.32	⑯ 70, 59, 11, 0.11
⑫ 90, 26, 64, 0.64	⑰ 80, 25, 55, 0.55
⑬ 70, 21, 49, 0.49	⑱ 50, 13, 37, 0.37

60쪽 02 (소수 한 자리 수) − (소수 두 자리 수) B

① 0.64	⑤ 0.15	⑨ 0.14
② 0.25	⑥ 0.26	⑩ 0.23
③ 0.45	⑦ 0.41	⑪ 0.43
④ 0.31	⑧ 0.71	⑫ 0.76

61쪽

⑬ 0.31	⑳ 0.43	㉗ 0.36
⑭ 0.38	㉑ 0.53	㉘ 0.55
⑮ 0.64	㉒ 0.32	㉙ 0.13
⑯ 0.41	㉓ 0.68	㉚ 0.49
⑰ 0.28	㉔ 0.28	㉛ 0.67
⑱ 0.35	㉕ 0.34	㉜ 0.38
⑲ 0.57	㉖ 0.52	㉝ 0.26

62쪽 03 (소수 두 자리 수) − (소수 두 자리 수) A

① 0.22	⑤ 0.42	⑨ 0.42
② 0.13	⑥ 0.81	⑩ 0.63
③ 0.61	⑦ 0.41	⑪ 0.32
④ 0.34	⑧ 0.61	⑫ 0.45

63쪽

⑬ 0.32	⑳ 0.41	㉗ 0.83
⑭ 0.51	㉑ 0.44	㉘ 0.34
⑮ 0.52	㉒ 0.51	㉙ 0.61
⑯ 0.32	㉓ 0.52	㉚ 0.32
⑰ 0.24	㉔ 0.63	㉛ 0.71
⑱ 0.73	㉕ 0.23	㉜ 0.32
⑲ 0.35	㉖ 0.81	㉝ 0.42

64쪽 04 (소수 두 자리 수) − (소수 두 자리 수) B

① 0.17	⑤ 0.37	⑨ 0.27
② 0.18	⑥ 0.68	⑩ 0.69
③ 0.48	⑦ 0.27	⑪ 0.48
④ 0.27	⑧ 0.47	⑫ 0.69

65쪽

⑬ 0.49	⑳ 0.28	㉗ 0.15
⑭ 0.78	㉑ 0.57	㉘ 0.48
⑮ 0.37	㉒ 0.59	㉙ 0.18
⑯ 0.53	㉓ 0.15	㉚ 0.27
⑰ 0.35	㉔ 0.49	㉛ 0.48
⑱ 0.39	㉕ 0.38	㉜ 0.59
⑲ 0.29	㉖ 0.78	㉝ 0.38

66쪽 05 1보다 큰 소수 한 자리 수의 뺄셈 A

① 2.2	⑤ 3.6	⑨ 2.3
② 4.2	⑥ 4.3	⑩ 3.2
③ 2.5	⑦ 3.3	⑪ 3.8
④ 4.7	⑧ 2.4	⑫ 3.2

67쪽

⑬ 3.3	⑳ 3.6	㉗ 3.5
⑭ 4.2	㉑ 2.7	㉘ 3.3
⑮ 3.6	㉒ 3.3	㉙ 3.5
⑯ 4.6	㉓ 3.7	㉚ 3.5
⑰ 3.2	㉔ 2.3	㉛ 3.5
⑱ 3.4	㉕ 3.2	㉜ 2.4
⑲ 2.4	㉖ 2.4	㉝ 3.4

68쪽 06 1보다 큰 소수 한 자리 수의 뺄셈 B

① 2.9	⑤ 3.3	⑨ 2.6
② 2.7	⑥ 4.9	⑩ 3.6
③ 3.7	⑦ 3.2	⑪ 2.4
④ 3.7	⑧ 2.5	⑫ 2.8

69쪽

⑬ 1.6	⑳ 1.7	㉗ 3.4
⑭ 2.5	㉑ 1.7	㉘ 3.8
⑮ 2.4	㉒ 2.7	㉙ 1.6
⑯ 2.5	㉓ 2.4	㉚ 1.7
⑰ 1.5	㉔ 2.7	㉛ 2.4
⑱ 2.7	㉕ 2.5	㉜ 2.9
⑲ 2.6	㉖ 2.8	㉝ 2.4

70쪽 07 1보다 큰 소수 두 자리 수의 뺄셈 A

① 3.26	⑤ 3.55	⑨ 4.32
② 2.21	⑥ 3.48	⑩ 3.62
③ 3.21	⑦ 3.32	⑪ 3.52
④ 2.52	⑧ 2.33	⑫ 2.41

71쪽

⑬ 2.41	⑳ 3.33	㉗ 3.22
⑭ 3.32	㉑ 3.67	㉘ 4.21
⑮ 2.71	㉒ 4.45	㉙ 3.82
⑯ 3.22	㉓ 2.71	㉚ 3.25
⑰ 2.54	㉔ 4.41	㉛ 3.61
⑱ 3.71	㉕ 2.45	㉜ 4.62
⑲ 4.34	㉖ 2.45	㉝ 4.33

72쪽 08 1보다 큰 소수 두 자리 수의 뺄셈 B

① 2.27	⑤ 3.69	⑨ 2.74
② 4.58	⑥ 2.35	⑩ 2.38
③ 2.47	⑦ 2.67	⑪ 3.67
④ 4.19	⑧ 2.68	⑫ 2.18

73쪽

⑬ 2.38	⑳ 3.47	㉗ 1.46
⑭ 3.19	㉑ 2.45	㉘ 3.79
⑮ 2.69	㉒ 3.27	㉙ 2.38
⑯ 3.09	㉓ 1.29	㉚ 2.49
⑰ 4.35	㉔ 1.56	㉛ 2.45
⑱ 3.37	㉕ 2.69	㉜ 2.78
⑲ 3.19	㉖ 2.68	㉝ 2.78

74쪽 09 자릿수가 다른 소수의 뺄셈 A

① 4.84	⑤ 1.66	⑨ 2.78
② 1.78	⑥ 4.59	⑩ 1.44
③ 2.85	⑦ 1.29	⑪ 3.62
④ 1.48	⑧ 5.54	⑫ 1.92

75쪽

⑬ 3.71	⑳ 1.88	㉗ 2.71
⑭ 2.51	㉑ 2.32	㉘ 5.75
⑮ 2.78	㉒ 1.56	㉙ 2.24
⑯ 4.62	㉓ 7.74	㉚ 3.71
⑰ 2.77	㉔ 4.55	㉛ 2.35
⑱ 2.62	㉕ 3.72	㉜ 3.68
⑲ 4.33	㉖ 2.75	㉝ 1.72

76쪽 10 자릿수가 다른 소수의 뺄셈 B

① 0.78	⑤ 1.69	⑨ 2.55
② 4.14	⑥ 0.25	⑩ 3.97
③ 2.86	⑦ 1.15	⑪ 1.36
④ 2.72	⑧ 1.64	⑫ 1.86

77쪽

⑬ 2.31	⑳ 3.47	㉗ 1.93
⑭ 4.47	㉑ 2.61	㉘ 1.42
⑮ 4.64	㉒ 1.25	㉙ 0.89
⑯ 3.59	㉓ 1.68	㉚ 3.64
⑰ 0.86	㉔ 2.14	㉛ 0.42
⑱ 3.71	㉕ 3.72	㉜ 2.47
⑲ 0.88	㉖ 0.82	㉝ 1.81

78쪽 11 세 소수의 뺄셈 A

(계산 순서대로)

① 7.6, 2.4, 2.4	⑤ 2.8, 1.9, 1.9
② 7.6, 5.9, 5.9	⑥ 7.9, 5.6, 5.6
③ 6.8, 4.7, 4.7	⑦ 4.5, 1.6, 1.6
④ 2.5, 1.8, 1.8	⑧ 6.7, 3.1, 3.1

79쪽

⑨ 2.7	⑯ 5.3	㉓ 2.3
⑩ 1.3	⑰ 1.2	㉔ 6.3
⑪ 2	⑱ 0.9	㉕ 3
⑫ 2	⑲ 4.2	㉖ 2.4
⑬ 1.8	⑳ 2.4	㉗ 0.6
⑭ 2.8	㉑ 3.9	㉘ 1.4
⑮ 1.5	㉒ 5.3	㉙ 1.8

80쪽 12 세 소수의 덧셈과 뺄셈 A

(계산 순서대로)

① 3.5, 2.8, 2.8	⑤ 6.2, 4.9, 4.9
② 4.7, 3, 3	⑥ 2.2, 1.8, 1.8
③ 3.6, 3.2, 3.2	⑦ 2.2, 1.3, 1.3
④ 7.3, 7.1, 7.1	⑧ 4.2, 2.1, 2.1

81쪽

⑨ 3.6	⑯ 0.1	㉓ 1.8
⑩ 0.8	⑰ 4.1	㉔ 6.1
⑪ 5.9	⑱ 3.1	㉕ 2.6
⑫ 2.7	⑲ 3.3	㉖ 2.4
⑬ 1.3	⑳ 2.8	㉗ 3.5
⑭ 2	㉑ 5.5	㉘ 2.6
⑮ 3.4	㉒ 2.5	㉙ 6.3

82쪽 01 삼각형의 각도와 길이 구하기 A

(왼쪽에서부터)

① 5, 40
② 80, 9
③ 7, 45
④ 6, 80
⑤ 80, 9
⑥ 80, 8

83쪽

⑦ 60, 7
⑧ 4, 60
⑨ 60, 8
⑩ 60, 10
⑪ 60, 5
⑫ 60, 9
⑬ 6, 60
⑭ 60, 11

86쪽 03 마름모의 각도와 길이 구하기 A

(왼쪽에서부터)

① 95, 85, 6, 6
② 135, 45, 9, 9
③ 125, 55, 19, 19
④ 105, 75, 24, 24
⑤ 16, 16, 150, 30
⑥ 135, 4, 4, 45

87쪽

⑦ 70, 110, 22, 22
⑧ 140, 18, 18, 40
⑨ 110, 70, 12, 12
⑩ 130, 50, 23, 23
⑪ 60, 120, 15, 15
⑫ 85, 95, 13, 13
⑬ 115, 65, 27, 27
⑭ 20, 20, 25, 155

84쪽 02 평행사변형의 각도와 길이 구하기 A

(왼쪽에서부터)

① 7, 125, 55, 3
② 3, 155, 6, 25
③ 4, 110, 12, 70
④ 110, 4, 8, 70
⑤ 9, 145, 6, 35
⑥ 3, 100, 9, 80

85쪽

⑦ 10, 95, 85, 4
⑧ 4, 145, 10, 35
⑨ 6, 130, 50, 5
⑩ 5, 125, 55, 8
⑪ 115, 6, 12, 65
⑫ 3, 135, 4, 45
⑬ 130, 9, 50, 5
⑭ 5, 120, 14, 60

88쪽 04 직사각형의 각도와 길이 구하기 A

(왼쪽에서부터)

① 2, 90, 90, 3
② 6, 90, 90, 5
③ 5, 90, 90, 4
④ 3, 90, 90, 8

89쪽

⑤ 28, 90, 90, 28
⑥ 21, 90, 90, 21
⑦ 24, 90, 90, 24
⑧ 23, 90, 90, 23
⑨ 16, 90, 90, 16
⑩ 19, 90, 90, 19
⑪ 18, 90, 90, 18
⑫ 26, 90, 90, 26

MEMO

교과서 연계 연산 강화 프로젝트
속도와 정확성을 동시에 잡는 연산 훈련서

쌤과 맘이 만든

쌍둥이 연산노트

4·2

초등 8단계

복습책

1일 2쪽
한 달 완성

이젠교육
EZEN EDUCATION

이젠수학연구소 지음

이젠수학연구소는 유아에서 초중고까지 학생들이 수학의 바른길을 찾아갈 수 있도록 수학 학습법을 연구하는 이젠교육의 수학 연구소입니다. 수학 실력은 하루아침에 완성되지 않으며, 다양한 경험을 통해 발달합니다. 그길에 친구가 되고자 노력합니다.

쌤과 맘이 만든

쌍둥이 연산 노트 4-2 복습책 (초등 8단계)

지은이 이젠수학연구소
펴낸이 임요병
펴낸곳 ㈜이젠미디어
출판등록 제 2020-000073호
주소 서울시 영등포구 양평로 22길 21 코오롱디지털타워 404호
전화 (02)324-1600
팩스 (031)941-9611

개발책임 최철훈
편집 ㈜성지이디피
디자인 이순주, 최수연
제작 이성기
마케팅 김남미
인스타그램 @ezeneducation
블로그 http://blog.naver.com/ezeneducation

@이젠교육
ISBN 979-11-90880-58-9

쌤과 맘이 만든

쌍둥이 연산노트

4·2

초등 8단계

복습책

쌍둥이 연산 노트

한눈에 보기

1학년

1학기

단원	학습 내용
9까지의 수	· 9까지의 수의 순서 알기 · 수를 세어 크기 비교하기
덧셈	· 9까지의 수 모으기 · 합이 9까지인 덧셈하기
뺄셈	· 9까지의 수 가르기 · 한 자리 수의 뺄셈하기
50까지의 수	· 십몇 알고 모으기와 가르기 · 50까지의 수의 순서 알기 · 50까지의 수의 크기 비교

2학기

단원	학습 내용
100까지의 수	· 100까지의 수의 순서 알기 · 100까지 수의 크기 비교하기
덧셈(1)	· (몇십몇)+(몇십몇) · 합이 한 자리 수인 세 수의 덧셈
뺄셈(1)	· (몇십몇)−(몇십몇) · 계산 결과가 한 자리 수인 세 수의 뺄셈
덧셈(2)	· 세 수의 덧셈 · 받아올림이 있는 (몇)+(몇)
뺄셈(2)	· 세 수의 뺄셈 · 받아내림이 있는 (십몇)−(몇)

2학년

1학기

단원	학습 내용
세 자리 수	· 세 자리 수의 자릿값 알기 · 수의 크기 비교
덧셈	· 받아올림이 있는 (두 자리 수)+(두 자리 수) · 세 수의 덧셈
뺄셈	· 받아내림이 있는 (두 자리 수)−(두 자리 수) · 세 수의 뺄셈
곱셈	· 몇 배인지 알아보기 · 곱셈식으로 나타내기

2학기

단원	학습 내용
네 자리 수	· 네 자리 수 알기 · 두 수의 크기 비교
곱셈구구	· 2~9단 곱셈구구 · 1의 단, 0과 어떤 수의 곱
길이 재기	· 길이의 합 · 길이의 차
시각과 시간	· 시각 읽기 · 시각과 분 사이의 관계 · 하루, 1주일, 달력 알기

3학년

1학기

단원	학습 내용
덧셈	· 받아올림이 있는 (세 자리 수)+(세 자리 수)
뺄셈	· 받아내림이 있는 (세 자리 수)−(세 자리 수)
나눗셈	· 곱셈과 나눗셈의 관계 · 나눗셈의 몫 구하기
곱셈	· 올림이 있는 (몇십몇)×(몇)
길이와 시간의 덧셈과 뺄셈	· 길이의 덧셈과 뺄셈 · 시간의 덧셈과 뺄셈
분수와 소수	· 분모가 같은 분수의 크기 비교 · 소수의 크기 비교

2학기

단원	학습 내용
곱셈	· 올림이 있는 (세 자리 수)×(한 자리 수) · 올림이 있는 (몇십몇)×(몇십몇)
나눗셈	· 나머지가 있는 (몇십몇)÷(몇) · 나머지가 있는 (세 자리 수)÷(한 자리 수)
분수	· 진분수, 가분수, 대분수 · 대분수를 가분수로 나타내기 · 가분수를 대분수로 나타내기 · 분모가 같은 분수의 크기 비교
들이와 무게	· 들이의 덧셈과 뺄셈 · 무게의 덧셈과 뺄셈

쌍둥이 연산 노트는 **수학 교과서의 연산과 관련된 모든 영역의 문제를**
학교 수업 차시에 맞게 구성하였습니다.

4학년

1학기

단원	학습 내용
큰 수	· 다섯 자리 수 · 천만, 천억, 천조 알기 · 수의 크기 비교
각도	· 각도의 합과 차 · 삼각형의 세 각의 크기의 합 · 사각형의 네 각의 크기의 합
곱셈	· (몇백)×(몇십) · (세 자리 수)×(두 자리 수)
나눗셈	· (몇백몇십)÷(몇십) · (세 자리 수)÷(두 자리 수)

2학기

단원	학습 내용
분수의 덧셈	· 분모가 같은 분수의 덧셈 · 진분수 부분의 합이 1보다 큰 대분수의 덧셈
분수의 뺄셈	· 분모가 같은 분수의 뺄셈 · 받아내림이 있는 대분수의 뺄셈
소수의 덧셈	· (소수 두 자리 수)+(소수 두 자리 수) · 자릿수가 다른 소수의 덧셈
소수의 뺄셈	· (소수 두 자리 수)−(소수 두 자리 수) · 자릿수가 다른 소수의 뺄셈
다각형	· 삼각형, 평행사변형, 마름모, 직사각형의 각도와 길이 구하기

5학년

1학기

단원	학습 내용
자연수의 혼합 계산	· 덧셈, 뺄셈, 곱셈, 나눗셈이 섞여 있는 식 계산하기
약수와 배수	· 약수와 배수 · 최대공약수와 최소공배수
약분과 통분	· 약분과 통분 · 분수와 소수의 크기 비교
분수의 덧셈과 뺄셈	· 받아올림이 있는 분수의 덧셈 · 받아내림이 있는 분수의 뺄셈
다각형의 둘레와 넓이	· 정다각형의 둘레 · 사각형, 평행사변형, 삼각형, 마름모, 사다리꼴의 넓이

2학기

단원	학습 내용
어림하기	· 올림, 버림, 반올림
분수의 곱셈	· (분수)×(자연수) · (자연수)×(분수) · (분수)×(분수) · 세 분수의 곱셈
소수의 곱셈	· (소수)×(자연수) · (자연수)×(소수) · (소수)×(소수) · 곱의 소수점의 위치
자료의 표현	· 평균 구하기

6학년

1학기

단원	학습 내용
분수의 나눗셈	· (자연수)÷(자연수) · (분수)÷(자연수)
소수의 나눗셈	· (소수)÷(자연수) · (자연수)÷(자연수)
비와 비율	· 비와 비율 구하기 · 비율을 백분율, 백분율을 비율로 나타내기
직육면체의 부피와 겉넓이	· 직육면체의 부피와 겉넓이 · 정육면체의 부피와 겉넓이

2학기

단원	학습 내용
분수의 나눗셈	· (진분수)÷(진분수) · (자연수)÷(분수) · (대분수)÷(대분수)
소수의 나눗셈	· (소수)÷(소수) · (자연수)÷(소수) · 몫을 반올림하여 나타내기
비례식과 비례배분	· 간단한 자연수의 비로 나타내기 · 비례식과 비례배분
원주와 원의 넓이	· 원주, 지름, 반지름 구하기 · 원의 넓이 구하기

쌍둥이 연산 노트

구성과 유의점

단원	학습 내용	지도 시 유의점	표준 시간
분수의 덧셈	01 분모가 같은 진분수의 덧셈(1)	진분수의 합을 구하는 구체적 활동을 바탕으로 진분수의 합을 구하는 계산 원리를 이해하고 계산 방법을 형식화하게 하여 계산하도록 합니다.	13분
	02 분모가 같은 진분수의 덧셈(2)		13분
	03 분모가 같은 대분수의 덧셈(1)	대분수의 합을 구하는 구체적 활동을 바탕으로 대분수의 합을 구하는 계산 원리를 이해하고 계산 방법을 형식화하게 하여 계산하도록 합니다.	13분
	04 분모가 같은 대분수의 덧셈(2)		13분
	05 진분수 부분의 합이 1보다 큰 대분수의 덧셈(1)	진분수 부분의 합이 1보다 큰 대분수의 합을 구하는 구체적 활동을 바탕으로 대분수의 합을 구하는 계산 원리를 이해하고 계산 방법을 형식화하게 하여 계산하도록 합니다.	13분
	06 진분수 부분의 합이 1보다 큰 대분수의 덧셈(2)		13분
분수의 뺄셈	01 분모가 같은 진분수의 뺄셈(1)	진분수의 차를 구하는 구체적 활동을 바탕으로 진분수의 차를 구하는 계산 원리를 이해하고 계산 방법을 형식화하게 하여 계산하도록 합니다.	9분
	02 분모가 같은 진분수의 뺄셈(2)		15분
	03 (대분수)−(대분수)(1)	대분수의 차를 구하는 구체적 활동을 바탕으로 대분수의 차를 구하는 계산 원리를 이해하고 계산 방법을 형식화하게 하여 계산하도록 합니다.	13분
	04 (대분수)−(대분수)(2)		13분
	05 (대분수)−(가분수)	대분수와 가분수의 차를 구하는 계산 원리를 이해하고 계산 방법을 형식화하게 하여 계산하도록 합니다.	13분
	06 (자연수)−(대분수)(1)	(자연수)−(진분수)의 결과를 구하는 구체적 활동을 토대로 (자연수)−(대분수)의 계산 원리를 이해하고 계산 방법을 형식화하게 하여 계산하도록 합니다.	13분
	07 (자연수)−(대분수)(2)		13분
	08 받아내림이 있는 대분수끼리의 뺄셈(1)	1을 가분수로 바꾸어야 하는 (대분수)−(대분수)의 계산 원리를 이해하고 계산 방법을 형식화하게 하여 계산하도록 합니다.	13분
	09 받아내림이 있는 대분수끼리의 뺄셈(2)		13분
소수의 덧셈	01 (소수 한 자리 수)+(소수 두 자리 수)(1)	세로로 소수 한 자리 수와 소수 두 자리 수의 덧셈을 하고 이를 능숙하게 계산할 수 있게 합니다.	15분
	02 (소수 한 자리 수)+(소수 두 자리 수)(2)		15분
	03 (소수 두 자리 수)+(소수 두 자리 수)(1)	세로로 소수 두 자리 수끼리의 덧셈을 하고 이를 능숙하게 계산할 수 있게 합니다.	15분
	04 (소수 두 자리 수)+(소수 두 자리 수)(2)		15분
	05 1보다 큰 소수 한 자리 수의 덧셈(1)	세로로 1보다 큰 소수 한 자리 수끼리의 덧셈을 하고 이를 능숙하게 계산할 수 있게 합니다.	15분
	06 1보다 큰 소수 한 자리 수의 덧셈(2)		15분

◆ 차시별 2쪽 구성으로 차시의 중요도별로 A~C단계로 2~6쪽까지 집중적으로 학습할 수 있습니다.
◆ 차시별 예습 2쪽+복습 2쪽 구성으로 시기별로 2번 반복할 수 있습니다.

단원	학습 내용	지도 시 유의점	표준 시간
소수의 덧셈	07 1보다 큰 소수 두 자리 수의 덧셈(1)	세로로 1보다 큰 소수 두 자리 수끼리의 덧셈을 하고 이를 능숙하게 계산할 수 있게 합니다.	15분
	08 1보다 큰 소수 두 자리 수의 덧셈(2)		15분
	09 자릿수가 다른 소수의 덧셈(1)	세로로 소수 두 자리 수 범위 내에서의 덧셈을 하고 이를 능숙하게 계산할 수 있게 합니다.	15분
	10 자릿수가 다른 소수의 덧셈(2)		15분
	11 세 소수의 덧셈	세 소수의 계산 방법을 알고 덧셈을 할 수 있게 합니다.	13분
소수의 뺄셈	01 (소수 한 자리 수)−(소수 두 자리 수)(1)	소수 한 자리 수와 소수 두 자리 수의 뺄셈 원리를 이해하고 세로로 능숙하게 계산할 수 있게 합니다.	9분
	02 (소수 한 자리 수)−(소수 두 자리 수) (2)		15분
	03 (소수 두 자리 수)−(소수 두 자리 수)(1)	세로로 소수 두 자리 수끼리의 뺄셈을 하고 이를 능숙하게 계산할 수 있게 합니다.	15분
	04 (소수 두 자리 수)−(소수 두 자리 수)(2)		15분
	05 1보다 큰 소수 한 자리 수의 뺄셈(1)	세로로 1보다 큰 소수 한 자리 수끼리의 뺄셈을 하고 이를 능숙하게 계산할 수 있게 합니다.	15분
	06 1보다 큰 소수 한 자리 수의 뺄셈(2)		15분
	07 1보다 큰 소수 두 자리 수의 뺄셈(1)	세로로 1보다 큰 소수 두 자리 수끼리의 뺄셈을 하고 이를 능숙하게 계산할 수 있게 합니다.	15분
	08 1보다 큰 소수 두 자리 수의 뺄셈(2)		15분
	09 자릿수가 다른 소수의 뺄셈(1)	세로로 소수 두 자리 수 범위 내에서의 뺄셈을 하고 이를 능숙하게 계산할 수 있게 합니다.	15분
	10 자릿수가 다른 소수의 뺄셈(2)		15분
	11 세 소수의 뺄셈	세 소수의 계산 방법을 알고 뺄셈을 할 수 있게 합니다.	13분
	12 세 소수의 덧셈과 뺄셈	세 소수의 계산 방법을 알고 덧셈과 뺄셈을 할 수 있게 합니다.	13분
삼각형과 사각형	01 삼각형의 각도와 길이 구하기	삼각형의 성질을 알아보고, 성질과 관련된 문제를 해결하게 합니다.	7분
	02 평행사변형의 각도와 길이 구하기	평행사변형의 성질을 알아보고, 성질과 관련된 문제를 해결하게 합니다.	7분
	03 마름모의 각도와 길이 구하기	마름모의 성질을 알아보고, 성질과 관련된 문제를 해결하게 합니다.	7분
	04 직사각형의 각도와 길이 구하기	직사각형의 성질을 알아보고, 성질과 관련된 문제를 해결하게 합니다.	7분

01 분모가 같은 진분수의 덧셈 복습 A

□ 안에 알맞은 수를 써넣으세요.

❶

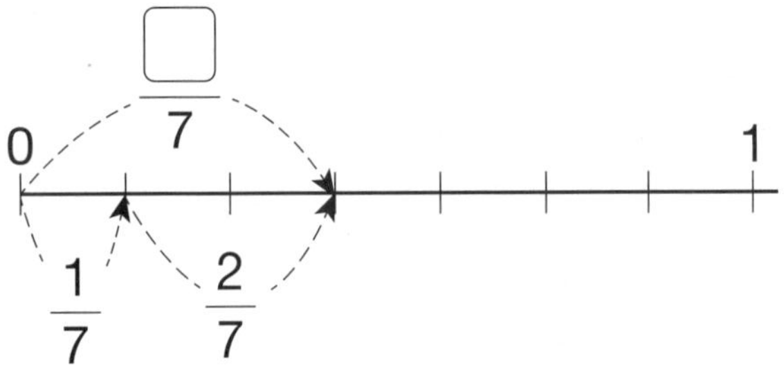

$\frac{1}{7}+\frac{2}{7}=\frac{\square+\square}{7}=\frac{\square}{7}$

❷

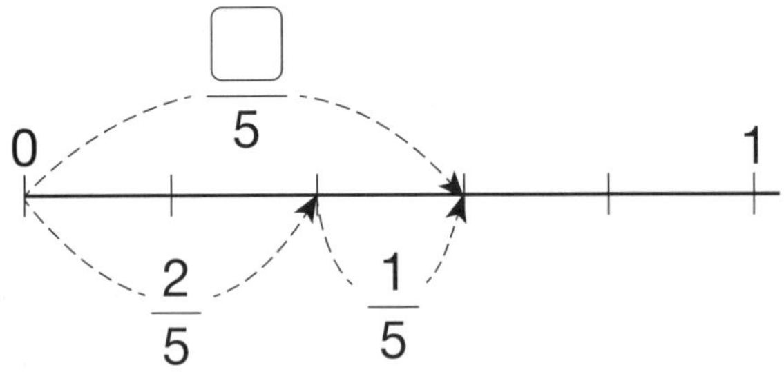

$\frac{2}{5}+\frac{1}{5}=\frac{\square+\square}{5}=\frac{\square}{5}$

❸

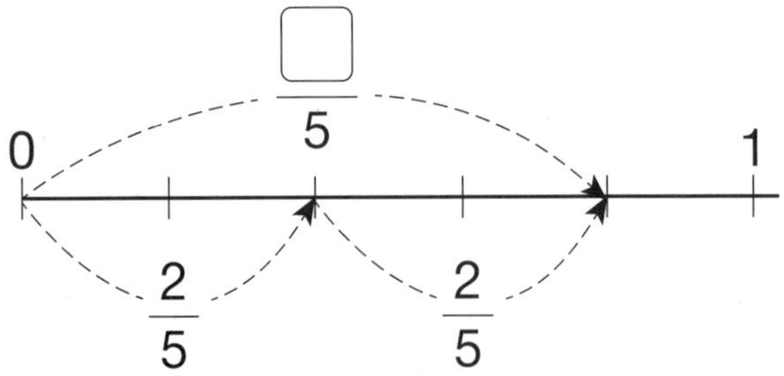

$\frac{2}{5}+\frac{2}{5}=\frac{\square+\square}{5}=\frac{\square}{5}$

❹

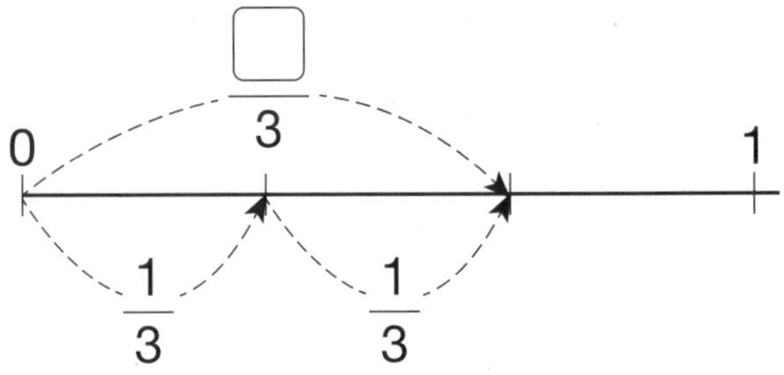

$\frac{1}{3}+\frac{1}{3}=\frac{\square+\square}{3}=\frac{\square}{3}$

❺

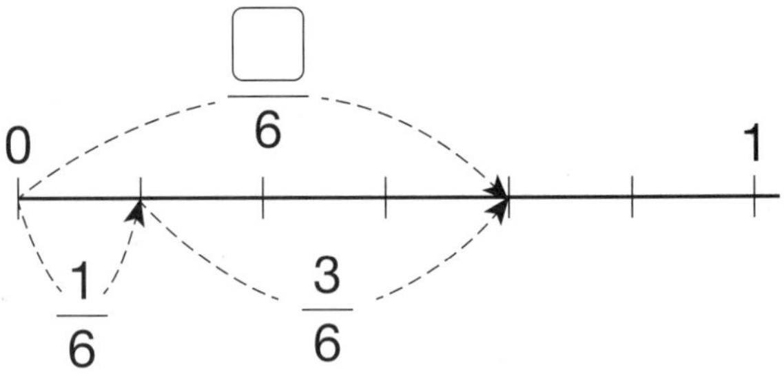

$\frac{1}{6}+\frac{3}{6}=\frac{\square+\square}{6}=\frac{\square}{6}$

❻

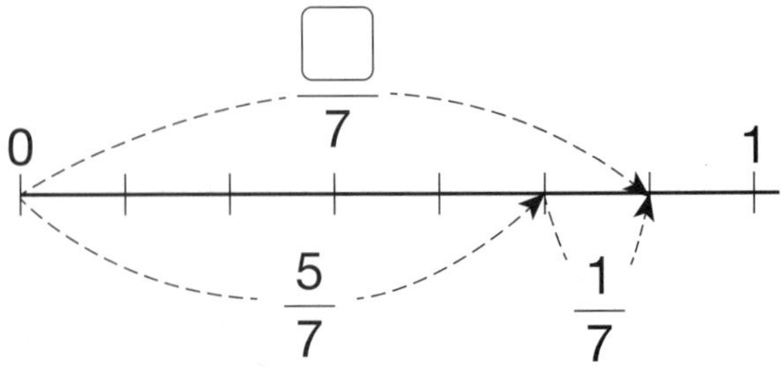

$\frac{5}{7}+\frac{1}{7}=\frac{\square+\square}{7}=\frac{\square}{7}$

정답 92쪽

공부한 날짜	맞힌 개수	걸린 시간
월 일	/27	분

덧셈을 하세요.

⑦ $\frac{3}{9}+\frac{2}{9}$

분모는 그대로 두고
분자끼리 더해요.

⑧ $\frac{2}{7}+\frac{3}{7}$

⑨ $\frac{1}{3}+\frac{1}{3}$

⑩ $\frac{2}{10}+\frac{5}{10}$

⑪ $\frac{2}{8}+\frac{2}{8}$

⑫ $\frac{1}{6}+\frac{4}{6}$

⑬ $\frac{4}{10}+\frac{5}{10}$

⑭ $\frac{1}{6}+\frac{3}{6}$

⑮ $\frac{8}{10}+\frac{1}{10}$

⑯ $\frac{3}{9}+\frac{3}{9}$

⑰ $\frac{3}{6}+\frac{2}{6}$

⑱ $\frac{1}{7}+\frac{4}{7}$

⑲ $\frac{5}{8}+\frac{1}{8}$

⑳ $\frac{1}{7}+\frac{5}{7}$

㉑ $\frac{5}{9}+\frac{1}{9}$

㉒ $\frac{1}{4}+\frac{2}{4}$

㉓ $\frac{2}{7}+\frac{1}{7}$

㉔ $\frac{2}{8}+\frac{5}{8}$

㉕ $\frac{3}{10}+\frac{6}{10}$

㉖ $\frac{2}{5}+\frac{2}{5}$

㉗ $\frac{1}{5}+\frac{2}{5}$

02 분모가 같은 진분수의 덧셈 복습 B

□ 안에 알맞은 수를 써넣으세요.

❶

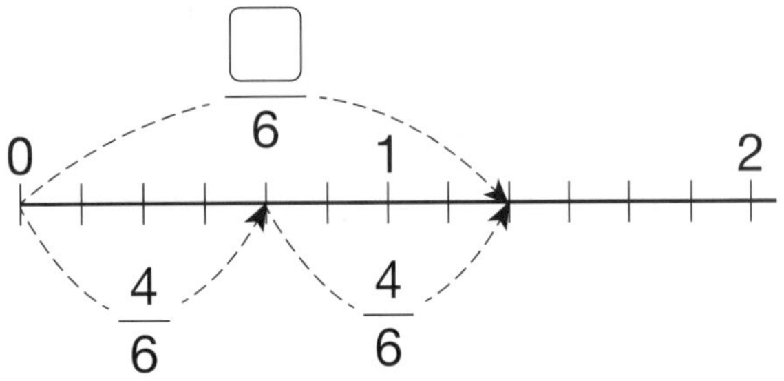

$$\frac{4}{6}+\frac{4}{6}=\frac{\square+\square}{6}$$

$$=\frac{\square}{6}=\square\frac{\square}{6}$$

❷

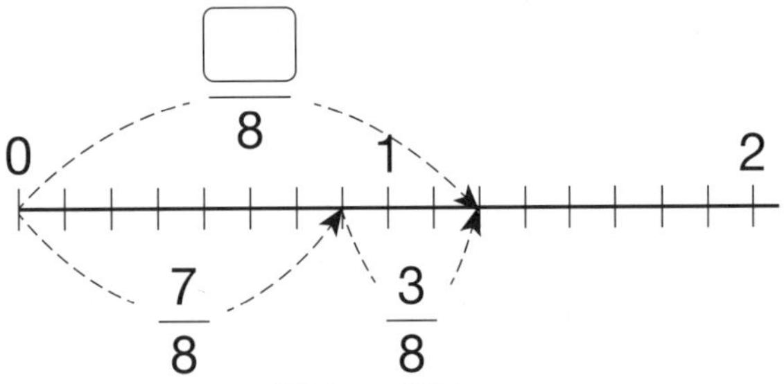

$$\frac{7}{8}+\frac{3}{8}=\frac{\square+\square}{8}$$

$$=\frac{\square}{8}=\square\frac{\square}{8}$$

❸

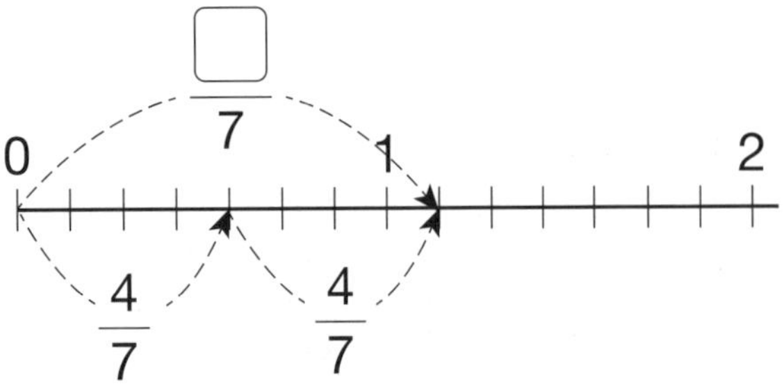

$$\frac{4}{7}+\frac{4}{7}=\frac{\square+\square}{7}$$

$$=\frac{\square}{7}=\square\frac{\square}{7}$$

❹

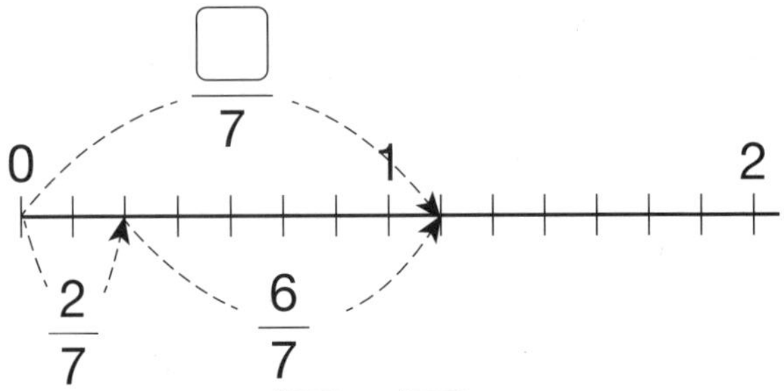

$$\frac{2}{7}+\frac{6}{7}=\frac{\square+\square}{7}$$

$$=\frac{\square}{7}=\square\frac{\square}{7}$$

❺

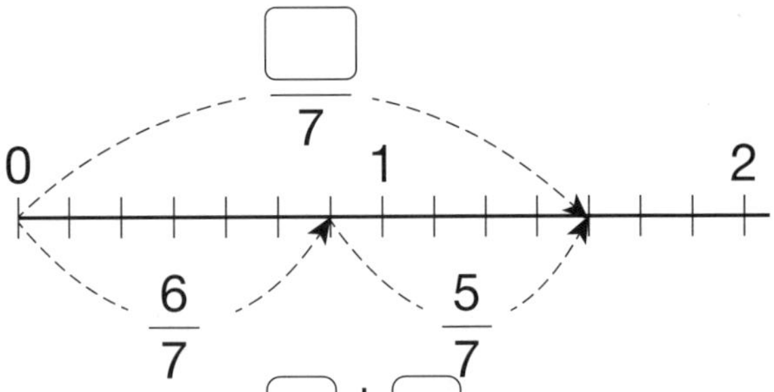

$$\frac{6}{7}+\frac{5}{7}=\frac{\square+\square}{7}$$

$$=\frac{\square}{7}=\square\frac{\square}{7}$$

❻

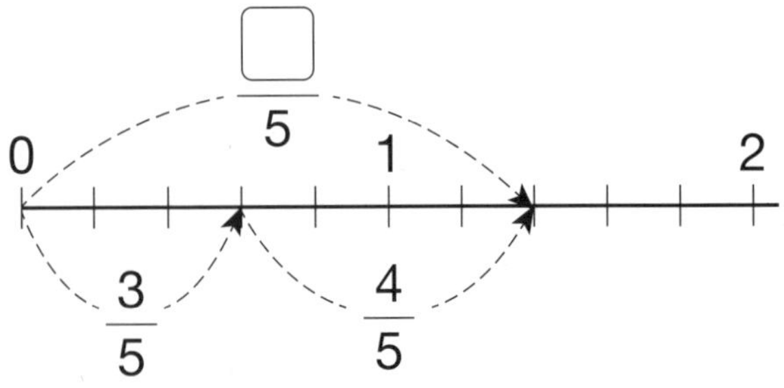

$$\frac{3}{5}+\frac{4}{5}=\frac{\square+\square}{5}$$

$$=\frac{\square}{5}=\square\frac{\square}{5}$$

정답 92쪽

공부한 날짜	맞힌 개수	걸린 시간
월 일	/27	분

덧셈을 하세요.

7 $\frac{6}{10}+\frac{5}{10}$

분모는 그대로 두고 분자끼리 더한 다음 가분수이면 대분수로 바꿔요.

8 $\frac{2}{5}+\frac{4}{5}$

9 $\frac{6}{7}+\frac{4}{7}$

10 $\frac{4}{9}+\frac{6}{9}$

11 $\frac{9}{11}+\frac{6}{11}$

12 $\frac{4}{5}+\frac{4}{5}$

13 $\frac{8}{10}+\frac{7}{10}$

14 $\frac{2}{6}+\frac{5}{6}$

15 $\frac{6}{8}+\frac{3}{8}$

16 $\frac{3}{6}+\frac{4}{6}$

17 $\frac{8}{11}+\frac{7}{11}$

18 $\frac{7}{8}+\frac{7}{8}$

19 $\frac{9}{10}+\frac{3}{10}$

20 $\frac{6}{9}+\frac{6}{9}$

21 $\frac{6}{7}+\frac{3}{7}$

22 $\frac{4}{11}+\frac{10}{11}$

23 $\frac{3}{5}+\frac{3}{5}$

24 $\frac{6}{8}+\frac{6}{8}$

25 $\frac{8}{9}+\frac{5}{9}$

26 $\frac{6}{7}+\frac{6}{7}$

27 $\frac{5}{6}+\frac{5}{6}$

03 분모가 같은 대분수의 덧셈 복습 A

□ 안에 알맞은 수를 써넣으세요.

❶ $1\frac{2}{9}+3\frac{6}{9}$

$=(\square+\square)+\left(\frac{\square}{9}+\frac{\square}{9}\right)$

$=\square\frac{\square}{9}$

❷ $2\frac{3}{8}+3\frac{4}{8}$

$=(\square+\square)+\left(\frac{\square}{8}+\frac{\square}{8}\right)$

$=\square\frac{\square}{8}$

❸ $1\frac{1}{5}+3\frac{2}{5}$

$=(\square+\square)+\left(\frac{\square}{5}+\frac{\square}{5}\right)$

$=\square\frac{\square}{5}$

❹ $1\frac{1}{4}+2\frac{1}{4}$

$=(\square+\square)+\left(\frac{\square}{4}+\frac{\square}{4}\right)$

$=\square\frac{\square}{4}$

❺ $3\frac{1}{3}+3\frac{1}{3}$

$=(\square+\square)+\left(\frac{\square}{3}+\frac{\square}{3}\right)$

$=\square\frac{\square}{3}$

❻ $1\frac{4}{9}+3\frac{4}{9}$

$=(\square+\square)+\left(\frac{\square}{9}+\frac{\square}{9}\right)$

$=\square\frac{\square}{9}$

❼ $2\frac{1}{8}+2\frac{6}{8}$

$=(\square+\square)+\left(\frac{\square}{8}+\frac{\square}{8}\right)$

$=\square\frac{\square}{8}$

❽ $2\frac{2}{7}+3\frac{4}{7}$

$=(\square+\square)+\left(\frac{\square}{7}+\frac{\square}{7}\right)$

$=\square\frac{\square}{7}$

정답 92쪽

공부한 날짜	맞힌 개수	걸린 시간
월 일	/29	분

덧셈을 하세요.

9 $1\frac{1}{5}+2\frac{1}{5}$

10 $1\frac{1}{7}+3\frac{2}{7}$

11 $2\frac{2}{8}+3\frac{2}{8}$

12 $2\frac{1}{4}+3\frac{2}{4}$

13 $2\frac{1}{5}+3\frac{3}{5}$

14 $2\frac{3}{7}+2\frac{3}{7}$

15 $2\frac{2}{5}+3\frac{2}{5}$

16 $2\frac{1}{8}+3\frac{1}{8}$

17 $1\frac{1}{3}+3\frac{1}{3}$

18 $2\frac{1}{6}+3\frac{1}{6}$

19 $2\frac{1}{9}+3\frac{3}{9}$

20 $1\frac{1}{6}+3\frac{4}{6}$

21 $1\frac{1}{8}+3\frac{3}{8}$

22 $2\frac{2}{9}+2\frac{4}{9}$

23 $2\frac{1}{7}+3\frac{5}{7}$

24 $2\frac{1}{7}+3\frac{4}{7}$

25 $1\frac{1}{5}+1\frac{2}{5}$

26 $2\frac{2}{6}+3\frac{2}{6}$

27 $1\frac{2}{9}+3\frac{3}{9}$

28 $3\frac{1}{4}+3\frac{1}{4}$

29 $2\frac{1}{7}+2\frac{3}{7}$

04 분모가 같은 대분수의 덧셈 복습 B

□ 안에 알맞은 수를 써넣으세요.

❶ $2\frac{1}{7}+3\frac{2}{7}=\frac{\square}{7}+\frac{\square}{7}=\frac{\square}{7}=\square\frac{\square}{7}$

① 대분수를 가분수로 바꾸어 가분수끼리 더해요.
② 가분수를 대분수로 고쳐 줘요.

❷ $2\frac{1}{3}+3\frac{1}{3}=\frac{\square}{3}+\frac{\square}{3}=\frac{\square}{3}=\square\frac{\square}{3}$

❸ $2\frac{1}{9}+3\frac{4}{9}=\frac{\square}{9}+\frac{\square}{9}=\frac{\square}{9}=\square\frac{\square}{9}$

❹ $1\frac{1}{8}+1\frac{3}{8}=\frac{\square}{8}+\frac{\square}{8}=\frac{\square}{8}=\square\frac{\square}{8}$

❺ $1\frac{2}{8}+1\frac{3}{8}=\frac{\square}{8}+\frac{\square}{8}=\frac{\square}{8}=\square\frac{\square}{8}$

❻ $1\frac{1}{5}+1\frac{3}{5}=\frac{\square}{5}+\frac{\square}{5}=\frac{\square}{5}=\square\frac{\square}{5}$

❼ $2\frac{3}{7}+3\frac{3}{7}=\frac{\square}{7}+\frac{\square}{7}=\frac{\square}{7}=\square\frac{\square}{7}$

❽ $1\frac{1}{6}+2\frac{4}{6}=\frac{\square}{6}+\frac{\square}{6}=\frac{\square}{6}=\square\frac{\square}{6}$

❾ $3\frac{1}{5}+3\frac{3}{5}=\frac{\square}{5}+\frac{\square}{5}=\frac{\square}{5}=\square\frac{\square}{5}$

❿ $2\frac{1}{4}+3\frac{1}{4}=\frac{\square}{4}+\frac{\square}{4}=\frac{\square}{4}=\square\frac{\square}{4}$

정답 92쪽

공부한 날짜	맞힌 개수	걸린 시간
월 일	/31	분

덧셈을 하세요.

⑪ $1\frac{1}{8}+3\frac{3}{8}$

⑫ $1\frac{1}{6}+2\frac{1}{6}$

⑬ $3\frac{1}{5}+3\frac{1}{5}$

⑭ $1\frac{1}{4}+1\frac{2}{4}$

⑮ $2\frac{1}{6}+3\frac{4}{6}$

⑯ $2\frac{1}{6}+2\frac{1}{6}$

⑰ $1\frac{1}{7}+2\frac{3}{7}$

⑱ $1\frac{1}{4}+1\frac{1}{4}$

⑲ $1\frac{1}{7}+2\frac{4}{7}$

⑳ $2\frac{1}{9}+3\frac{6}{9}$

㉑ $3\frac{2}{6}+3\frac{2}{6}$

㉒ $1\frac{3}{9}+2\frac{4}{9}$

㉓ $1\frac{1}{8}+2\frac{2}{8}$

㉔ $1\frac{2}{5}+3\frac{2}{5}$

㉕ $1\frac{1}{6}+3\frac{2}{6}$

㉖ $1\frac{1}{5}+3\frac{3}{5}$

㉗ $3\frac{1}{6}+3\frac{2}{6}$

㉘ $2\frac{2}{9}+3\frac{3}{9}$

㉙ $3\frac{1}{4}+3\frac{2}{4}$

㉚ $2\frac{2}{6}+3\frac{3}{6}$

㉛ $1\frac{4}{9}+2\frac{4}{9}$

05 진분수 부분의 합이 1보다 큰 대분수의 덧셈 복습 A

□ 안에 알맞은 수를 써넣으세요.

❶ $1\frac{4}{7}+3\frac{4}{7}$

$=(\square+\square)+\left(\frac{\square}{7}+\frac{\square}{7}\right)$

$=\square\frac{\square}{7}$

자연수는 자연수끼리, 진분수는 진분수끼리 더해요.
이때 진분수끼리의 합이 가분수이면 대분수로 바꿔서 나타내요.

❷ $1\frac{2}{4}+3\frac{3}{4}$

$=(\square+\square)+\left(\frac{\square}{4}+\frac{\square}{4}\right)$

$=\square\frac{\square}{4}$

❸ $2\frac{5}{8}+3\frac{6}{8}$

$=(\square+\square)+\left(\frac{\square}{8}+\frac{\square}{8}\right)$

$=\square\frac{\square}{8}$

❹ $3\frac{3}{6}+3\frac{5}{6}$

$=(\square+\square)+\left(\frac{\square}{6}+\frac{\square}{6}\right)$

$=\square\frac{\square}{6}$

❺ $1\frac{3}{6}+1\frac{5}{6}$

$=(\square+\square)+\left(\frac{\square}{6}+\frac{\square}{6}\right)$

$=\square\frac{\square}{6}$

❻ $2\frac{2}{8}+3\frac{7}{8}$

$=(\square+\square)+\left(\frac{\square}{8}+\frac{\square}{8}\right)$

$=\square\frac{\square}{8}$

❼ $3\frac{2}{3}+3\frac{2}{3}$

$=(\square+\square)+\left(\frac{\square}{3}+\frac{\square}{3}\right)$

$=\square\frac{\square}{3}$

❽ $2\frac{3}{9}+2\frac{8}{9}$

$=(\square+\square)+\left(\frac{\square}{9}+\frac{\square}{9}\right)$

$=\square\frac{\square}{9}$

정답 93쪽

공부한 날짜	맞힌 개수	걸린 시간
월 일	/29	분

덧셈을 하세요.

9 $2\frac{4}{6}+3\frac{4}{6}$

10 $1\frac{7}{8}+2\frac{7}{8}$

11 $1\frac{3}{5}+3\frac{4}{5}$

12 $2\frac{3}{7}+2\frac{6}{7}$

13 $1\frac{6}{9}+3\frac{7}{9}$

14 $1\frac{3}{5}+3\frac{3}{5}$

15 $1\frac{7}{9}+3\frac{8}{9}$

16 $1\frac{4}{9}+3\frac{6}{9}$

17 $1\frac{3}{7}+2\frac{6}{7}$

18 $2\frac{5}{9}+3\frac{7}{9}$

19 $2\frac{5}{7}+2\frac{5}{7}$

20 $2\frac{4}{8}+3\frac{6}{8}$

21 $2\frac{4}{9}+2\frac{8}{9}$

22 $1\frac{3}{5}+2\frac{3}{5}$

23 $1\frac{4}{8}+2\frac{6}{8}$

24 $1\frac{2}{3}+3\frac{2}{3}$

25 $1\frac{4}{7}+1\frac{6}{7}$

26 $2\frac{3}{4}+2\frac{3}{4}$

27 $2\frac{3}{6}+3\frac{4}{6}$

28 $1\frac{5}{8}+3\frac{6}{8}$

29 $1\frac{6}{8}+3\frac{6}{8}$

06 진분수 부분의 합이 1보다 큰 대분수의 덧셈 복습 B

□ 안에 알맞은 수를 써넣으세요.

❶ $3\frac{2}{6}+3\frac{5}{6}=\frac{\square}{6}+\frac{\square}{6}=\frac{\square}{6}=\square\frac{\square}{6}$

❷ $2\frac{2}{4}+2\frac{3}{4}=\frac{\square}{4}+\frac{\square}{4}=\frac{\square}{4}=\square\frac{\square}{4}$

❸ $1\frac{5}{7}+2\frac{5}{7}=\frac{\square}{7}+\frac{\square}{7}=\frac{\square}{7}=\square\frac{\square}{7}$

❹ $1\frac{3}{8}+2\frac{7}{8}=\frac{\square}{8}+\frac{\square}{8}=\frac{\square}{8}=\square\frac{\square}{8}$

❺ $2\frac{3}{6}+2\frac{4}{6}=\frac{\square}{6}+\frac{\square}{6}=\frac{\square}{6}=\square\frac{\square}{6}$

❻ $2\frac{7}{9}+3\frac{8}{9}=\frac{\square}{9}+\frac{\square}{9}=\frac{\square}{9}=\square\frac{\square}{9}$

❼ $2\frac{3}{9}+3\frac{8}{9}=\frac{\square}{9}+\frac{\square}{9}=\frac{\square}{9}=\square\frac{\square}{9}$

❽ $2\frac{3}{5}+2\frac{4}{5}=\frac{\square}{5}+\frac{\square}{5}=\frac{\square}{5}=\square\frac{\square}{5}$

❾ $3\frac{2}{4}+3\frac{3}{4}=\frac{\square}{4}+\frac{\square}{4}=\frac{\square}{4}=\square\frac{\square}{4}$

❿ $2\frac{4}{8}+3\frac{5}{8}=\frac{\square}{8}+\frac{\square}{8}=\frac{\square}{8}=\square\frac{\square}{8}$

정답 93쪽

공부한 날짜	맞힌 개수	걸린 시간
월 일	/31	분

덧셈을 하세요.

⑪ $1\frac{5}{6}+1\frac{5}{6}$

⑫ $2\frac{4}{7}+1\frac{5}{7}$

⑬ $2\frac{6}{8}+3\frac{6}{8}$

⑭ $1\frac{3}{4}+1\frac{3}{4}$

⑮ $1\frac{2}{5}+1\frac{4}{5}$

⑯ $2\frac{5}{9}+3\frac{6}{9}$

⑰ $2\frac{2}{4}+3\frac{3}{4}$

⑱ $1\frac{6}{9}+2\frac{8}{9}$

⑲ $2\frac{2}{9}+3\frac{8}{9}$

⑳ $2\frac{2}{5}+3\frac{4}{5}$

㉑ $3\frac{4}{6}+3\frac{4}{6}$

㉒ $2\frac{7}{9}+4\frac{4}{9}$

㉓ $2\frac{2}{7}+3\frac{6}{7}$

㉔ $1\frac{3}{7}+2\frac{5}{7}$

㉕ $1\frac{2}{7}+2\frac{6}{7}$

㉖ $3\frac{3}{5}+3\frac{3}{5}$

㉗ $1\frac{3}{4}+2\frac{3}{4}$

㉘ $1\frac{5}{8}+2\frac{6}{8}$

㉙ $2\frac{3}{5}+2\frac{3}{5}$

㉚ $2\frac{4}{9}+3\frac{6}{9}$

㉛ $3\frac{4}{5}+3\frac{4}{5}$

01 분모가 같은 진분수의 뺄셈 복습 A

□ 안에 알맞은 수를 써넣으세요.

1

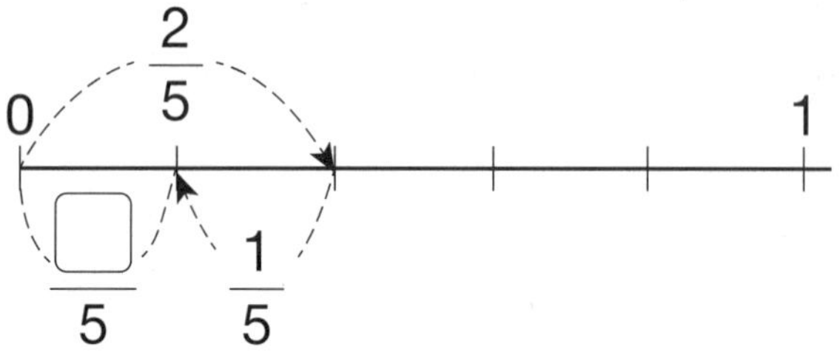

$$\frac{2}{5}-\frac{1}{5}=\frac{\square-\square}{5}=\frac{\square}{5}$$

4

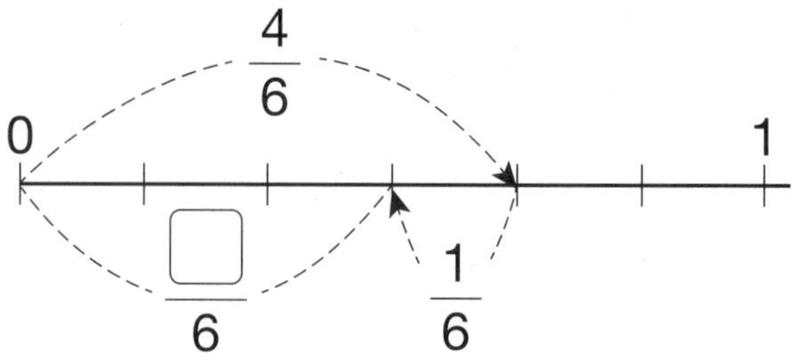

$$\frac{4}{6}-\frac{1}{6}=\frac{\square-\square}{6}=\frac{\square}{6}$$

2

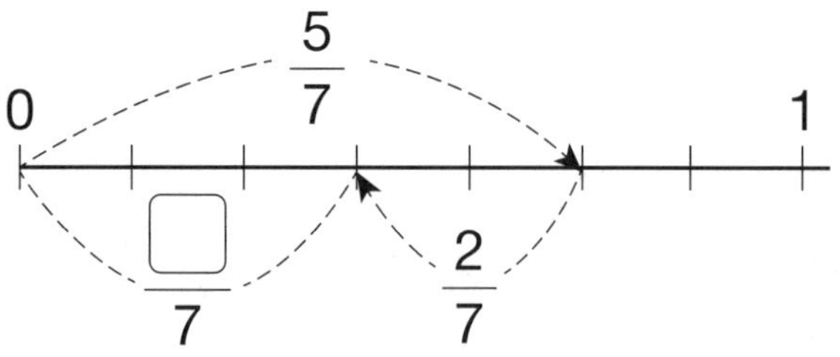

$$\frac{5}{7}-\frac{2}{7}=\frac{\square-\square}{7}=\frac{\square}{7}$$

5

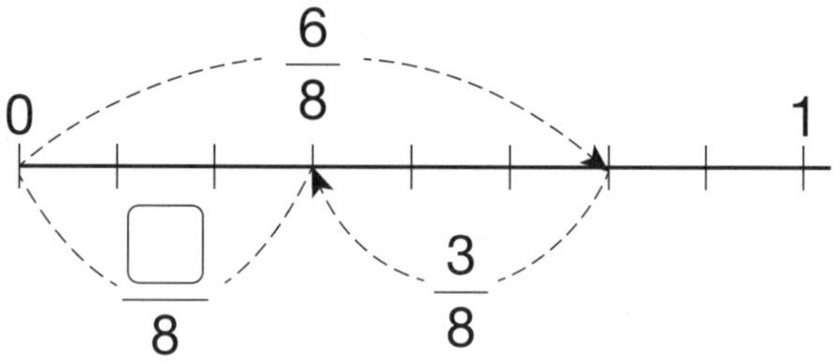

$$\frac{6}{8}-\frac{3}{8}=\frac{\square-\square}{8}=\frac{\square}{8}$$

3

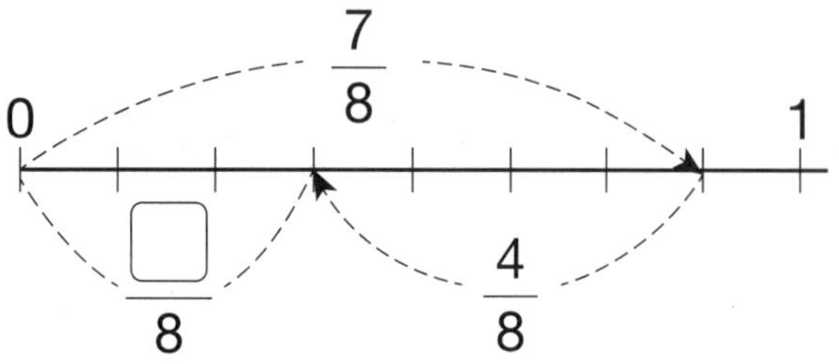

$$\frac{7}{8}-\frac{4}{8}=\frac{\square-\square}{8}=\frac{\square}{8}$$

6

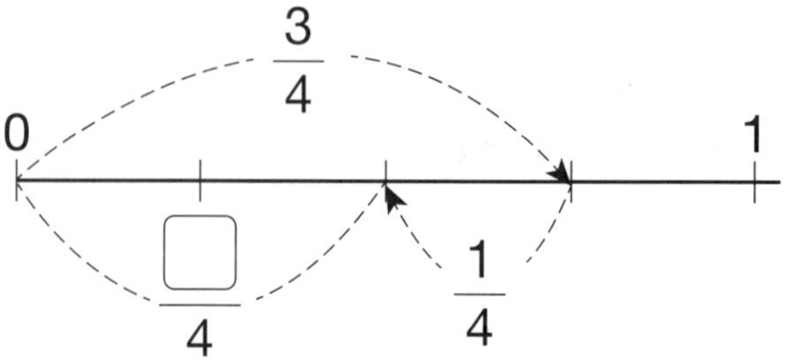

$$\frac{3}{4}-\frac{1}{4}=\frac{\square-\square}{4}=\frac{\square}{4}$$

정답 94쪽

공부한 날짜	맞힌 개수	걸린 시간
월 일	/12	분

□ 안에 알맞은 수를 써넣으세요.

7

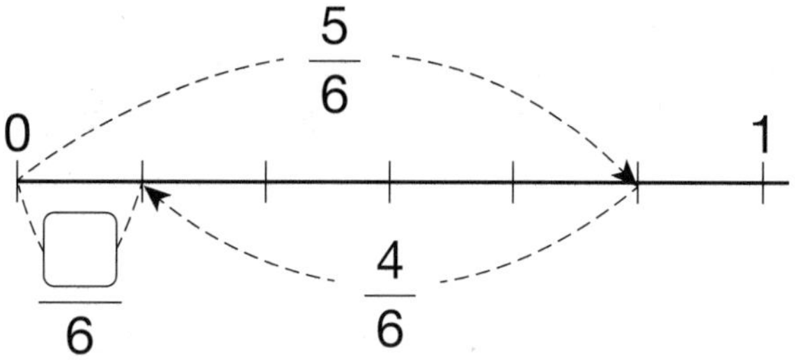

$\frac{5}{6}-\frac{4}{6}=\frac{\square-\square}{6}=\frac{\square}{6}$

8

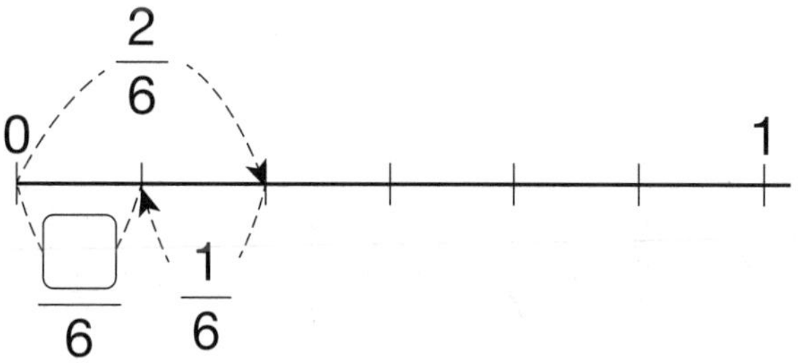

$\frac{2}{6}-\frac{1}{6}=\frac{\square-\square}{6}=\frac{\square}{6}$

9

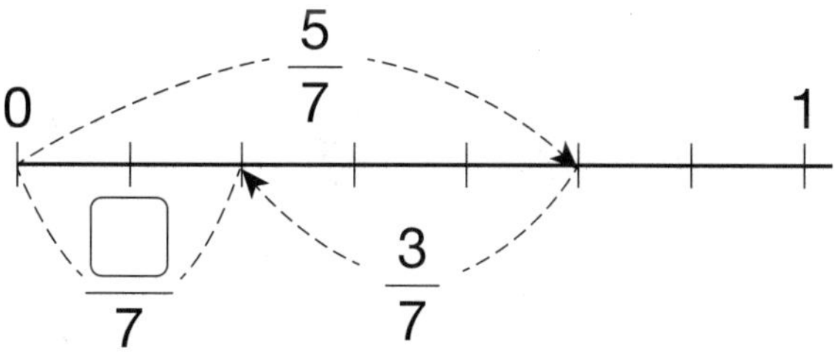

$\frac{5}{7}-\frac{3}{7}=\frac{\square-\square}{7}=\frac{\square}{7}$

10

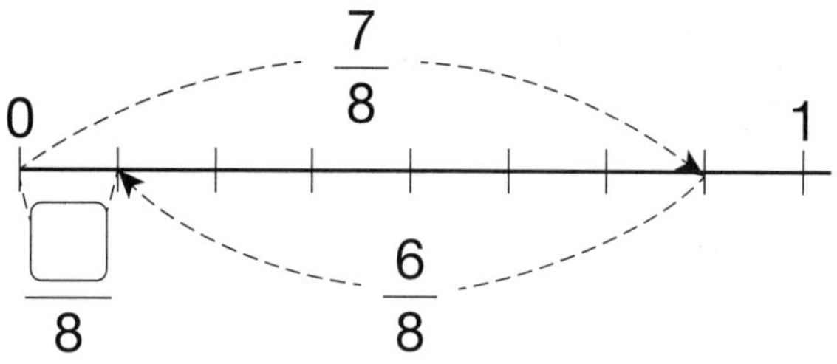

$\frac{7}{8}-\frac{6}{8}=\frac{\square-\square}{8}=\frac{\square}{8}$

11

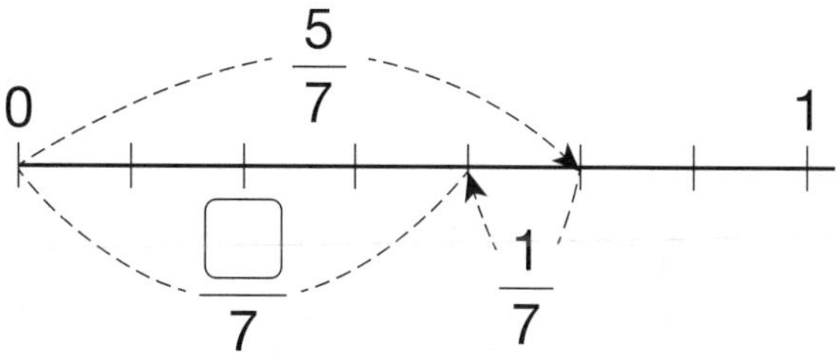

$\frac{5}{7}-\frac{1}{7}=\frac{\square-\square}{7}=\frac{\square}{7}$

12

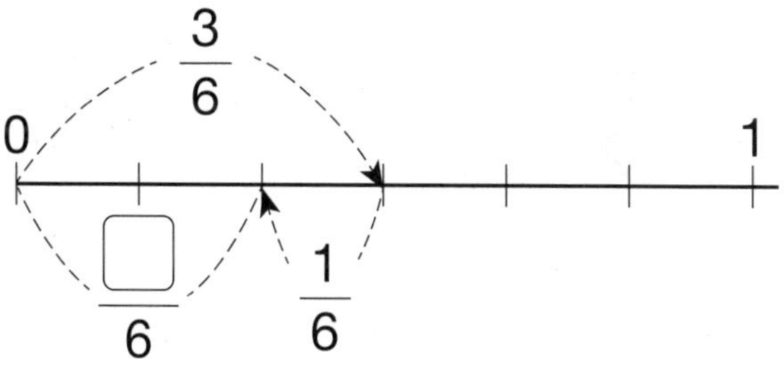

$\frac{3}{6}-\frac{1}{6}=\frac{\square-\square}{6}=\frac{\square}{6}$

02 분모가 같은 진분수의 뺄셈 복습 B

□ 안에 알맞은 수를 써넣으세요.

❶ $\frac{6}{7}-\frac{5}{7}=\frac{\square-\square}{7}=\frac{\square}{7}$

분모는 그대로 쓰고 분자끼리 빼요.

❷ $\frac{3}{8}-\frac{1}{8}=\frac{\square-\square}{8}=\frac{\square}{8}$

❸ $\frac{5}{6}-\frac{2}{6}=\frac{\square-\square}{6}=\frac{\square}{6}$

❹ $\frac{9}{10}-\frac{5}{10}=\frac{\square-\square}{10}=\frac{\square}{10}$

❺ $\frac{3}{5}-\frac{2}{5}=\frac{\square-\square}{5}=\frac{\square}{5}$

❻ $\frac{7}{12}-\frac{4}{12}=\frac{\square-\square}{12}=\frac{\square}{12}$

❼ $\frac{3}{5}-\frac{1}{5}=\frac{\square-\square}{5}=\frac{\square}{5}$

❽ $\frac{8}{9}-\frac{6}{9}=\frac{\square-\square}{9}=\frac{\square}{9}$

❾ $\frac{2}{4}-\frac{1}{4}=\frac{\square-\square}{4}=\frac{\square}{4}$

❿ $\frac{7}{8}-\frac{5}{8}=\frac{\square-\square}{8}=\frac{\square}{8}$

⓫ $\frac{6}{7}-\frac{2}{7}=\frac{\square-\square}{7}=\frac{\square}{7}$

⓬ $\frac{5}{8}-\frac{2}{8}=\frac{\square-\square}{8}=\frac{\square}{8}$

⓭ $\frac{5}{7}-\frac{3}{7}=\frac{\square-\square}{7}=\frac{\square}{7}$

⓮ $\frac{10}{11}-\frac{9}{11}=\frac{\square-\square}{11}=\frac{\square}{11}$

정답 94쪽

공부한 날짜	맞힌 개수	걸린 시간
월 일	/35	분

빼셈을 하세요.

⑮ $\frac{4}{8}-\frac{2}{8}$

⑯ $\frac{6}{7}-\frac{1}{7}$

⑰ $\frac{6}{8}-\frac{5}{8}$

⑱ $\frac{7}{8}-\frac{4}{8}$

⑲ $\frac{3}{10}-\frac{1}{10}$

⑳ $\frac{2}{6}-\frac{1}{6}$

㉑ $\frac{4}{8}-\frac{1}{8}$

㉒ $\frac{9}{10}-\frac{7}{10}$

㉓ $\frac{7}{9}-\frac{1}{9}$

㉔ $\frac{4}{10}-\frac{3}{10}$

㉕ $\frac{2}{7}-\frac{1}{7}$

㉖ $\frac{6}{8}-\frac{2}{8}$

㉗ $\frac{5}{9}-\frac{2}{9}$

㉘ $\frac{7}{10}-\frac{5}{10}$

㉙ $\frac{4}{7}-\frac{3}{7}$

㉚ $\frac{7}{10}-\frac{1}{10}$

㉛ $\frac{4}{6}-\frac{1}{6}$

㉜ $\frac{7}{10}-\frac{3}{10}$

㉝ $\frac{7}{8}-\frac{1}{8}$

㉞ $\frac{6}{9}-\frac{4}{9}$

㉟ $\frac{4}{5}-\frac{1}{5}$

03 (대분수)−(대분수)

복습 A

□ 안에 알맞은 수를 써넣으세요.

❶ $4\frac{3}{4}-2\frac{2}{4}$

$=(\square-\square)+\left(\frac{\square}{4}-\frac{\square}{4}\right)$

$=\square\frac{\square}{4}$

❷ $4\frac{4}{5}-2\frac{3}{5}$

$=(\square-\square)+\left(\frac{\square}{5}-\frac{\square}{5}\right)$

$=\square\frac{\square}{5}$

❸ $5\frac{5}{6}-3\frac{4}{6}$

$=(\square-\square)+\left(\frac{\square}{6}-\frac{\square}{6}\right)$

$=\square\frac{\square}{6}$

❹ $5\frac{2}{4}-2\frac{1}{4}$

$=(\square-\square)+\left(\frac{\square}{4}-\frac{\square}{4}\right)$

$=\square\frac{\square}{4}$

❺ $5\frac{4}{6}-1\frac{1}{6}$

$=(\square-\square)+\left(\frac{\square}{6}-\frac{\square}{6}\right)$

$=\square\frac{\square}{6}$

❻ $5\frac{2}{3}-3\frac{1}{3}$

$=(\square-\square)+\left(\frac{\square}{3}-\frac{\square}{3}\right)$

$=\square\frac{\square}{3}$

❼ $4\frac{4}{5}-2\frac{1}{5}$

$=(\square-\square)+\left(\frac{\square}{5}-\frac{\square}{5}\right)$

$=\square\frac{\square}{5}$

❽ $5\frac{5}{6}-2\frac{2}{6}$

$=(\square-\square)+\left(\frac{\square}{6}-\frac{\square}{6}\right)$

$=\square\frac{\square}{6}$

정답 94쪽

공부한 날짜	맞힌 개수	걸린 시간
월 일	/29	분

빨셈을 하세요.

⑨ $4\frac{4}{5}-1\frac{2}{5}$

⑩ $5\frac{5}{6}-2\frac{3}{6}$

⑪ $5\frac{4}{5}-3\frac{2}{5}$

⑫ $4\frac{5}{7}-2\frac{4}{7}$

⑬ $3\frac{3}{4}-1\frac{2}{4}$

⑭ $4\frac{4}{5}-1\frac{1}{5}$

⑮ $5\frac{4}{7}-1\frac{2}{7}$

⑯ $4\frac{4}{6}-2\frac{2}{6}$

⑰ $4\frac{6}{7}-1\frac{1}{7}$

⑱ $4\frac{4}{6}-1\frac{1}{6}$

⑲ $5\frac{4}{5}-2\frac{3}{5}$

⑳ $4\frac{5}{7}-2\frac{1}{7}$

㉑ $4\frac{4}{6}-1\frac{3}{6}$

㉒ $4\frac{2}{3}-2\frac{1}{3}$

㉓ $4\frac{2}{5}-2\frac{1}{5}$

㉔ $3\frac{2}{4}-1\frac{1}{4}$

㉕ $5\frac{2}{4}-1\frac{1}{4}$

㉖ $4\frac{6}{7}-1\frac{3}{7}$

㉗ $5\frac{3}{5}-1\frac{1}{5}$

㉘ $4\frac{5}{6}-1\frac{4}{6}$

㉙ $5\frac{2}{6}-1\frac{1}{6}$

04 (대분수)−(대분수)

복습 B

□ 안에 알맞은 수를 써넣으세요.

❶ $5\frac{5}{6}-3\frac{1}{6}=\frac{\square}{6}-\frac{\square}{6}=\frac{\square}{6}=\square\frac{\square}{6}$

① 대분수를 가분수로 바꾸어 가분수끼리 빼요.
② 가분수를 대분수로 고쳐 줘요.

❷ $4\frac{2}{4}-1\frac{1}{4}=\frac{\square}{4}-\frac{\square}{4}=\frac{\square}{4}=\square\frac{\square}{4}$

❸ $3\frac{6}{7}-1\frac{4}{7}=\frac{\square}{7}-\frac{\square}{7}=\frac{\square}{7}=\square\frac{\square}{7}$

❹ $5\frac{3}{5}-1\frac{2}{5}=\frac{\square}{5}-\frac{\square}{5}=\frac{\square}{5}=\square\frac{\square}{5}$

❺ $3\frac{6}{7}-1\frac{2}{7}=\frac{\square}{7}-\frac{\square}{7}=\frac{\square}{7}=\square\frac{\square}{7}$

❻ $5\frac{3}{5}-3\frac{1}{5}=\frac{\square}{5}-\frac{\square}{5}=\frac{\square}{5}=\square\frac{\square}{5}$

❼ $5\frac{5}{6}-2\frac{4}{6}=\frac{\square}{6}-\frac{\square}{6}=\frac{\square}{6}=\square\frac{\square}{6}$

❽ $4\frac{3}{5}-1\frac{2}{5}=\frac{\square}{5}-\frac{\square}{5}=\frac{\square}{5}=\square\frac{\square}{5}$

❾ $5\frac{4}{5}-3\frac{3}{5}=\frac{\square}{5}-\frac{\square}{5}=\frac{\square}{5}=\square\frac{\square}{5}$

❿ $3\frac{5}{6}-1\frac{1}{6}=\frac{\square}{6}-\frac{\square}{6}=\frac{\square}{6}=\square\frac{\square}{6}$

정답 94쪽

공부한 날짜	맞힌 개수	걸린 시간
월 일	/31	분

빨셈을 하세요.

⑪ $3\frac{4}{5}-1\frac{2}{5}$

⑫ $4\frac{2}{5}-1\frac{1}{5}$

⑬ $5\frac{5}{7}-2\frac{1}{7}$

⑭ $5\frac{5}{6}-3\frac{3}{6}$

⑮ $5\frac{4}{6}-1\frac{3}{6}$

⑯ $5\frac{2}{4}-3\frac{1}{4}$

⑰ $4\frac{4}{6}-2\frac{1}{6}$

⑱ $3\frac{4}{6}-1\frac{2}{6}$

⑲ $4\frac{5}{7}-1\frac{3}{7}$

⑳ $5\frac{4}{5}-3\frac{1}{5}$

㉑ $5\frac{4}{7}-2\frac{2}{7}$

㉒ $5\frac{2}{5}-1\frac{1}{5}$

㉓ $4\frac{5}{6}-2\frac{3}{6}$

㉔ $4\frac{6}{7}-1\frac{1}{7}$

㉕ $4\frac{5}{6}-2\frac{4}{6}$

㉖ $5\frac{3}{4}-1\frac{1}{4}$

㉗ $4\frac{3}{6}-2\frac{2}{6}$

㉘ $5\frac{2}{5}-3\frac{1}{5}$

㉙ $5\frac{4}{6}-1\frac{2}{6}$

㉚ $5\frac{3}{7}-3\frac{2}{7}$

㉛ $3\frac{4}{5}-1\frac{3}{5}$

05 (대분수)−(가분수)

복습 A

◈ $\square$ 안에 알맞은 수를 써넣으세요.

❶ $5\frac{4}{5}-\frac{13}{5}=\frac{\square}{5}-\frac{13}{5}=\frac{\square}{5}=\square\frac{\square}{5}$

❷ $4\frac{5}{6}-\frac{8}{6}=\frac{\square}{6}-\frac{8}{6}=\frac{\square}{6}=\square\frac{\square}{6}$

❸ $5\frac{2}{3}-\frac{4}{3}=\frac{\square}{3}-\frac{4}{3}=\frac{\square}{3}=\square\frac{\square}{3}$

❹ $5\frac{3}{7}-\frac{16}{7}=\frac{\square}{7}-\frac{16}{7}=\frac{\square}{7}=\square\frac{\square}{7}$

❺ $3\frac{3}{4}-\frac{5}{4}=\frac{\square}{4}-\frac{5}{4}=\frac{\square}{4}=\square\frac{\square}{4}$

❻ $4\frac{3}{4}-\frac{10}{4}=\frac{\square}{4}-\frac{10}{4}=\frac{\square}{4}=\square\frac{\square}{4}$

❼ $4\frac{3}{5}-\frac{6}{5}=\frac{\square}{5}-\frac{6}{5}=\frac{\square}{5}=\square\frac{\square}{5}$

❽ $5\frac{6}{7}-\frac{17}{7}=\frac{\square}{7}-\frac{17}{7}=\frac{\square}{7}=\square\frac{\square}{7}$

❾ $4\frac{2}{4}-\frac{5}{4}=\frac{\square}{4}-\frac{5}{4}=\frac{\square}{4}=\square\frac{\square}{4}$

❿ $4\frac{6}{7}-\frac{8}{7}=\frac{\square}{7}-\frac{8}{7}=\frac{\square}{7}=\square\frac{\square}{7}$

정답 95쪽

공부한 날짜	맞힌 개수	걸린 시간
월 일	/31	분

빨셈을 하세요.

⑪ $4\frac{4}{5}-\frac{12}{5}$

⑫ $3\frac{3}{6}-\frac{7}{6}$

⑬ $3\frac{3}{4}-\frac{6}{4}$

⑭ $5\frac{4}{6}-\frac{14}{6}$

⑮ $4\frac{2}{5}-\frac{11}{5}$

⑯ $4\frac{3}{5}-\frac{7}{5}$

⑰ $4\frac{3}{4}-\frac{5}{4}$

⑱ $5\frac{4}{6}-\frac{15}{6}$

⑲ $5\frac{2}{5}-\frac{11}{5}$

⑳ $5\frac{6}{7}-\frac{8}{7}$

㉑ $3\frac{2}{4}-\frac{5}{4}$

㉒ $5\frac{5}{6}-\frac{14}{6}$

㉓ $5\frac{3}{4}-\frac{9}{4}$

㉔ $5\frac{6}{7}-\frac{18}{7}$

㉕ $3\frac{4}{5}-\frac{7}{5}$

㉖ $4\frac{6}{7}-\frac{10}{7}$

㉗ $4\frac{2}{3}-\frac{7}{3}$

㉘ $4\frac{3}{7}-\frac{9}{7}$

㉙ $5\frac{4}{5}-\frac{11}{5}$

㉚ $4\frac{5}{7}-\frac{15}{7}$

㉛ $3\frac{4}{5}-\frac{6}{5}$

06 (자연수)−(대분수)

복습 A

□ 안에 알맞은 수를 써넣으세요.

❶ $7-3\frac{1}{6}=6\frac{\square}{6}-3\frac{1}{6}$

$=(\square-\square)+\left(\frac{\square}{6}-\frac{\square}{6}\right)$

$=\square\frac{\square}{6}$

자연수에서 1만큼을 분수로 바꿔서 계산해요.

❷ $8-1\frac{1}{4}=7\frac{\square}{4}-1\frac{1}{4}$

$=(\square-\square)+\left(\frac{\square}{4}-\frac{\square}{4}\right)$

$=\square\frac{\square}{4}$

❸ $5-3\frac{1}{6}=4\frac{\square}{6}-3\frac{1}{6}$

$=(\square-\square)+\left(\frac{\square}{6}-\frac{\square}{6}\right)$

$=\square\frac{\square}{6}$

❹ $3-1\frac{2}{7}=2\frac{\square}{7}-1\frac{2}{7}$

$=(\square-\square)+\left(\frac{\square}{7}-\frac{\square}{7}\right)$

$=\square\frac{\square}{7}$

❺ $5-1\frac{1}{7}=4\frac{\square}{7}-1\frac{1}{7}$

$=(\square-\square)+\left(\frac{\square}{7}-\frac{\square}{7}\right)$

$=\square\frac{\square}{7}$

❻ $5-3\frac{1}{5}=4\frac{\square}{5}-3\frac{1}{5}$

$=(\square-\square)+\left(\frac{\square}{5}-\frac{\square}{5}\right)$

$=\square\frac{\square}{5}$

❼ $9-2\frac{2}{7}=8\frac{\square}{7}-2\frac{2}{7}$

$=(\square-\square)+\left(\frac{\square}{7}-\frac{\square}{7}\right)$

$=\square\frac{\square}{7}$

❽ $7-1\frac{1}{5}=6\frac{\square}{5}-1\frac{1}{5}$

$=(\square-\square)+\left(\frac{\square}{5}-\frac{\square}{5}\right)$

$=\square\frac{\square}{5}$

정답 95쪽

공부한 날짜	맞힌 개수	걸린 시간
월 일	/29	분

빼셈을 하세요.

⑨ $9-3\frac{3}{5}$

⑩ $5-1\frac{3}{6}$

⑪ $3-1\frac{1}{7}$

⑫ $5-3\frac{2}{5}$

⑬ $7-1\frac{1}{5}$

⑭ $8-1\frac{2}{5}$

⑮ $3-1\frac{2}{7}$

⑯ $7-2\frac{1}{5}$

⑰ $6-1\frac{2}{7}$

⑱ $4-1\frac{2}{4}$

⑲ $5-3\frac{1}{6}$

⑳ $7-3\frac{1}{5}$

㉑ $5-1\frac{3}{6}$

㉒ $8-1\frac{2}{6}$

㉓ $5-3\frac{1}{7}$

㉔ $4-2\frac{3}{6}$

㉕ $6-2\frac{1}{5}$

㉖ $8-3\frac{2}{7}$

㉗ $6-2\frac{4}{6}$

㉘ $8-2\frac{2}{7}$

㉙ $4-2\frac{1}{6}$

07 (자연수)−(대분수)

복습 B

◈ □ 안에 알맞은 수를 써넣으세요.

❶ $5-1\frac{2}{5}=\frac{\square}{5}-\frac{\square}{5}$
$=\frac{\square}{5}=\square\frac{\square}{5}$

자연수와 대분수를 모두 가분수로 고쳐서 계산해요.

❷ $8-1\frac{1}{7}=\frac{\square}{7}-\frac{\square}{7}$
$=\frac{\square}{7}=\square\frac{\square}{7}$

❸ $8-2\frac{2}{6}=\frac{\square}{6}-\frac{\square}{6}$
$=\frac{\square}{6}=\square\frac{\square}{6}$

❹ $5-3\frac{2}{6}=\frac{\square}{6}-\frac{\square}{6}$
$=\frac{\square}{6}=\square\frac{\square}{6}$

❺ $4-2\frac{1}{7}=\frac{\square}{7}-\frac{\square}{7}$
$=\frac{\square}{7}=\square\frac{\square}{7}$

❻ $6-2\frac{2}{7}=\frac{\square}{7}-\frac{\square}{7}$
$=\frac{\square}{7}=\square\frac{\square}{7}$

❼ $7-1\frac{4}{6}=\frac{\square}{6}-\frac{\square}{6}$
$=\frac{\square}{6}=\square\frac{\square}{6}$

❽ $7-1\frac{4}{7}=\frac{\square}{7}-\frac{\square}{7}$
$=\frac{\square}{7}=\square\frac{\square}{7}$

❾ $9-2\frac{2}{5}=\frac{\square}{5}-\frac{\square}{5}$
$=\frac{\square}{5}=\square\frac{\square}{5}$

❿ $10-3\frac{1}{4}=\frac{\square}{4}-\frac{\square}{4}$
$=\frac{\square}{4}=\square\frac{\square}{4}$

정답 95쪽

공부한 날짜	맞힌 개수	걸린 시간
월 일	/31	분

◆ 뺄셈을 하세요.

⑪ $6-2\frac{5}{7}$

⑱ $5-2\frac{3}{6}$

㉕ $5-3\frac{3}{5}$

⑫ $4-1\frac{3}{6}$

⑲ $8-1\frac{1}{4}$

㉖ $9-2\frac{1}{3}$

⑬ $9-2\frac{3}{5}$

⑳ $4-2\frac{2}{6}$

㉗ $4-1\frac{3}{7}$

⑭ $10-1\frac{4}{7}$

㉑ $4-1\frac{1}{5}$

㉘ $7-1\frac{2}{6}$

⑮ $7-2\frac{2}{7}$

㉒ $11-2\frac{3}{7}$

㉙ $12-1\frac{3}{5}$

⑯ $12-2\frac{1}{7}$

㉓ $7-2\frac{1}{5}$

㉚ $5-2\frac{2}{4}$

⑰ $8-3\frac{1}{5}$

㉔ $4-1\frac{1}{4}$

㉛ $5-1\frac{1}{7}$

08 받아내림이 있는 대분수끼리의 뺄셈 복습 A

□ 안에 알맞은 수를 써넣으세요.

❶ $4\frac{3}{6}-2\frac{5}{6}=3\frac{\square}{6}-2\frac{5}{6}$

$=(\square-\square)+\left(\frac{\square}{6}-\frac{\square}{6}\right)$

$=\square\frac{\square}{6}$

❷ $5\frac{1}{3}-3\frac{2}{3}=4\frac{\square}{3}-3\frac{2}{3}$

$=(\square-\square)+\left(\frac{\square}{3}-\frac{\square}{3}\right)$

$=\square\frac{\square}{3}$

❸ $5\frac{3}{6}-1\frac{5}{6}=4\frac{\square}{6}-1\frac{5}{6}$

$=(\square-\square)+\left(\frac{\square}{6}-\frac{\square}{6}\right)$

$=\square\frac{\square}{6}$

❹ $3\frac{1}{5}-1\frac{4}{5}=2\frac{\square}{5}-1\frac{4}{5}$

$=(\square-\square)+\left(\frac{\square}{5}-\frac{\square}{5}\right)$

$=\square\frac{\square}{5}$

❺ $5\frac{3}{5}-2\frac{4}{5}=4\frac{\square}{5}-2\frac{4}{5}$

$=(\square-\square)+\left(\frac{\square}{5}-\frac{\square}{5}\right)$

$=\square\frac{\square}{5}$

❻ $5\frac{5}{7}-3\frac{6}{7}=4\frac{\square}{7}-3\frac{6}{7}$

$=(\square-\square)+\left(\frac{\square}{7}-\frac{\square}{7}\right)$

$=\square\frac{\square}{7}$

❼ $5\frac{2}{4}-3\frac{3}{4}=4\frac{\square}{4}-3\frac{3}{4}$

$=(\square-\square)+\left(\frac{\square}{4}-\frac{\square}{4}\right)$

$=\square\frac{\square}{4}$

❽ $4\frac{5}{7}-2\frac{6}{7}=3\frac{\square}{7}-2\frac{6}{7}$

$=(\square-\square)+\left(\frac{\square}{7}-\frac{\square}{7}\right)$

$=\square\frac{\square}{7}$

정답 95쪽

공부한 날짜	맞힌 개수	걸린 시간
월 일	/29	분

빨셈을 하세요.

⑨ $5\frac{1}{3}-1\frac{2}{3}$

⑩ $3\frac{4}{7}-1\frac{6}{7}$

⑪ $5\frac{1}{6}-1\frac{3}{6}$

⑫ $5\frac{3}{6}-3\frac{4}{6}$

⑬ $5\frac{1}{4}-1\frac{3}{4}$

⑭ $5\frac{1}{7}-3\frac{5}{7}$

⑮ $3\frac{2}{5}-1\frac{3}{5}$

⑯ $5\frac{1}{6}-2\frac{5}{6}$

⑰ $5\frac{4}{7}-3\frac{6}{7}$

⑱ $5\frac{2}{5}-3\frac{3}{5}$

⑲ $3\frac{2}{7}-1\frac{4}{7}$

⑳ $5\frac{1}{7}-2\frac{2}{7}$

㉑ $5\frac{1}{6}-1\frac{5}{6}$

㉒ $5\frac{2}{6}-2\frac{4}{6}$

㉓ $5\frac{1}{5}-3\frac{4}{5}$

㉔ $5\frac{1}{6}-3\frac{4}{6}$

㉕ $5\frac{2}{7}-3\frac{3}{7}$

㉖ $5\frac{2}{5}-1\frac{3}{5}$

㉗ $5\frac{4}{7}-2\frac{5}{7}$

㉘ $3\frac{1}{4}-1\frac{3}{4}$

㉙ $5\frac{1}{5}-2\frac{2}{5}$

09 받아내림이 있는 대분수끼리의 뺄셈 복습 B

□ 안에 알맞은 수를 써넣으세요.

❶ $5\frac{2}{4}-3\frac{3}{4}=\frac{\square}{4}-\frac{\square}{4}=\frac{\square}{4}=\square\frac{\square}{4}$

대분수를 가분수로 모두 고쳐서 계산해요.

❷ $5\frac{2}{6}-1\frac{5}{6}=\frac{\square}{6}-\frac{\square}{6}=\frac{\square}{6}=\square\frac{\square}{6}$

❸ $5\frac{3}{5}-3\frac{4}{5}=\frac{\square}{5}-\frac{\square}{5}=\frac{\square}{5}=\square\frac{\square}{5}$

❹ $5\frac{3}{7}-2\frac{5}{7}=\frac{\square}{7}-\frac{\square}{7}=\frac{\square}{7}=\square\frac{\square}{7}$

❺ $6\frac{2}{5}-2\frac{4}{5}=\frac{\square}{5}-\frac{\square}{5}=\frac{\square}{5}=\square\frac{\square}{5}$

❻ $5\frac{1}{6}-3\frac{3}{6}=\frac{\square}{6}-\frac{\square}{6}=\frac{\square}{6}=\square\frac{\square}{6}$

❼ $5\frac{1}{3}-2\frac{2}{3}=\frac{\square}{3}-\frac{\square}{3}=\frac{\square}{3}=\square\frac{\square}{3}$

❽ $5\frac{1}{4}-2\frac{2}{4}=\frac{\square}{4}-\frac{\square}{4}=\frac{\square}{4}=\square\frac{\square}{4}$

❾ $4\frac{3}{6}-1\frac{4}{6}=\frac{\square}{6}-\frac{\square}{6}=\frac{\square}{6}=\square\frac{\square}{6}$

❿ $7\frac{2}{9}-4\frac{6}{9}=\frac{\square}{9}-\frac{\square}{9}=\frac{\square}{9}=\square\frac{\square}{9}$

정답 96쪽

공부한 날짜	맞힌 개수	걸린 시간
월 일	/31	분

뺄셈을 하세요.

⑪ $4\frac{1}{3}-1\frac{2}{3}$

⑱ $4\frac{2}{7}-2\frac{5}{7}$

㉕ $5\frac{1}{5}-3\frac{4}{5}$

⑫ $5\frac{1}{4}-1\frac{2}{4}$

⑲ $3\frac{2}{5}-1\frac{3}{5}$

㉖ $5\frac{2}{7}-2\frac{3}{7}$

⑬ $4\frac{2}{6}-2\frac{4}{6}$

⑳ $5\frac{3}{7}-2\frac{4}{7}$

㉗ $5\frac{1}{4}-3\frac{3}{4}$

⑭ $4\frac{1}{4}-1\frac{3}{4}$

㉑ $4\frac{4}{6}-2\frac{5}{6}$

㉘ $4\frac{1}{5}-1\frac{2}{5}$

⑮ $5\frac{1}{5}-2\frac{2}{5}$

㉒ $4\frac{1}{7}-2\frac{2}{7}$

㉙ $4\frac{1}{7}-2\frac{6}{7}$

⑯ $5\frac{1}{5}-1\frac{2}{5}$

㉓ $5\frac{2}{6}-2\frac{3}{6}$

㉚ $3\frac{1}{4}-1\frac{3}{4}$

⑰ $4\frac{2}{4}-2\frac{3}{4}$

㉔ $5\frac{3}{6}-1\frac{5}{6}$

㉛ $4\frac{1}{7}-2\frac{4}{7}$

01 (소수 한 자리 수)+(소수 두 자리 수) 복습 A

덧셈을 하세요.

❶ $\begin{array}{r} 0.3 \\ +\,0.32 \\ \hline \end{array}$

① 소수 둘째 자리: 0+2=2
② 소수 첫째 자리: 3+3=6

❷ $\begin{array}{r} 0.2 \\ +\,0.46 \\ \hline \end{array}$

❸ $\begin{array}{r} 0.5 \\ +\,0.17 \\ \hline \end{array}$

❹ $\begin{array}{r} 0.1 \\ +\,0.62 \\ \hline \end{array}$

❺ $\begin{array}{r} 0.4 \\ +\,0.43 \\ \hline \end{array}$

❻ $\begin{array}{r} 0.1 \\ +\,0.11 \\ \hline \end{array}$

❼ $\begin{array}{r} 0.5 \\ +\,0.45 \\ \hline \end{array}$

❽ $\begin{array}{r} 0.7 \\ +\,0.23 \\ \hline \end{array}$

❾ $\begin{array}{r} 0.8 \\ +\,0.16 \\ \hline \end{array}$

❿ $\begin{array}{r} 0.6 \\ +\,0.17 \\ \hline \end{array}$

⓫ $\begin{array}{r} 0.8 \\ +\,0.18 \\ \hline \end{array}$

⓬ $\begin{array}{r} 0.4 \\ +\,0.26 \\ \hline \end{array}$

⓭ $\begin{array}{r} 0.3 \\ +\,0.68 \\ \hline \end{array}$

⓮ $\begin{array}{r} 0.5 \\ +\,0.22 \\ \hline \end{array}$

⓯ $\begin{array}{r} 0.2 \\ +\,0.18 \\ \hline \end{array}$

정답 97쪽

공부한 날짜	맞힌 개수	걸린 시간
월 일	/36	분

덧셈을 하세요.

⑯ 0.1+0.46

⑰ 0.2+0.33

⑱ 0.3+0.69

⑲ 0.4+0.13

⑳ 0.1+0.23

㉑ 0.5+0.35

㉒ 0.7+0.25

㉓ 0.1+0.48

㉔ 0.5+0.18

㉕ 0.7+0.12

㉖ 0.2+0.57

㉗ 0.3+0.14

㉘ 0.2+0.58

㉙ 0.1+0.86

㉚ 0.3+0.28

㉛ 0.4+0.11

㉜ 0.1+0.74

㉝ 0.6+0.33

㉞ 0.6+0.34

㉟ 0.5+0.23

02 (소수 한 자리 수)+(소수 두 자리 수) 복습 B

덧셈을 하세요.

❶
$$\begin{array}{r} 0.5 \\ +0.88 \\ \hline \end{array}$$

① 소수 둘째 자리: 0 + 8 = 8
② 소수 첫째 자리: 5 + 8 = 13

❷
$$\begin{array}{r} 0.2 \\ +0.91 \\ \hline \end{array}$$

❸
$$\begin{array}{r} 0.8 \\ +0.24 \\ \hline \end{array}$$

❹
$$\begin{array}{r} 0.7 \\ +0.72 \\ \hline \end{array}$$

❺
$$\begin{array}{r} 0.4 \\ +0.97 \\ \hline \end{array}$$

❻
$$\begin{array}{r} 0.7 \\ +0.99 \\ \hline \end{array}$$

❼
$$\begin{array}{r} 0.9 \\ +0.86 \\ \hline \end{array}$$

❽
$$\begin{array}{r} 0.6 \\ +0.86 \\ \hline \end{array}$$

❾
$$\begin{array}{r} 0.9 \\ +0.41 \\ \hline \end{array}$$

❿
$$\begin{array}{r} 0.6 \\ +0.41 \\ \hline \end{array}$$

⓫
$$\begin{array}{r} 0.4 \\ +0.72 \\ \hline \end{array}$$

⓬
$$\begin{array}{r} 0.8 \\ +0.34 \\ \hline \end{array}$$

⓭
$$\begin{array}{r} 0.8 \\ +0.51 \\ \hline \end{array}$$

⓮
$$\begin{array}{r} 0.3 \\ +0.99 \\ \hline \end{array}$$

⓯
$$\begin{array}{r} 0.9 \\ +0.23 \\ \hline \end{array}$$

정답 97쪽

공부한 날짜	맞힌 개수	걸린 시간
월 일	/36	분

덧셈을 하세요.

⑯ 0.5+0.57

⑰ 0.7+0.56

⑱ 0.4+0.61

⑲ 0.5+0.65

⑳ 0.9+0.23

㉑ 0.2+0.92

㉒ 0.6+0.71

㉓ 0.2+0.85

㉔ 0.8+0.69

㉕ 0.7+0.52

㉖ 0.6+0.44

㉗ 0.7+0.36

㉘ 0.8+0.87

㉙ 0.5+0.56

㉚ 0.6+0.89

㉛ 0.4+0.92

㉜ 0.9+0.68

㉝ 0.3+0.81

㉞ 0.9+0.14

㉟ 0.7+0.88

㊱ 0.5+0.52

03 (소수 두 자리 수)+(소수 두 자리 수) 복습 A

덧셈을 하세요.

❶
$$\begin{array}{r} 0.45 \\ +0.11 \\ \hline \end{array}$$

① 소수 둘째 자리: 5 + 1 = 6
② 소수 첫째 자리: 4 + 1 = 5

❷
$$\begin{array}{r} 0.73 \\ +0.11 \\ \hline \end{array}$$

❸
$$\begin{array}{r} 0.25 \\ +0.24 \\ \hline \end{array}$$

❹
$$\begin{array}{r} 0.51 \\ +0.23 \\ \hline \end{array}$$

❺
$$\begin{array}{r} 0.67 \\ +0.11 \\ \hline \end{array}$$

❻
$$\begin{array}{r} 0.57 \\ +0.11 \\ \hline \end{array}$$

❼
$$\begin{array}{r} 0.15 \\ +0.12 \\ \hline \end{array}$$

❽
$$\begin{array}{r} 0.12 \\ +0.35 \\ \hline \end{array}$$

❾
$$\begin{array}{r} 0.35 \\ +0.32 \\ \hline \end{array}$$

❿
$$\begin{array}{r} 0.24 \\ +0.25 \\ \hline \end{array}$$

⓫
$$\begin{array}{r} 0.28 \\ +0.11 \\ \hline \end{array}$$

⓬
$$\begin{array}{r} 0.34 \\ +0.63 \\ \hline \end{array}$$

⓭
$$\begin{array}{r} 0.64 \\ +0.11 \\ \hline \end{array}$$

⓮
$$\begin{array}{r} 0.46 \\ +0.31 \\ \hline \end{array}$$

⓯
$$\begin{array}{r} 0.16 \\ +0.52 \\ \hline \end{array}$$

정답 97쪽

공부한 날짜	맞힌 개수	걸린 시간
월 일	/36	분

덧셈을 하세요.

⑯ 0.33+0.34

㉓ 0.75+0.11

㉚ 0.22+0.66

⑰ 0.44+0.53

㉔ 0.52+0.41

㉛ 0.65+0.13

⑱ 0.33+0.12

㉕ 0.13+0.75

㉜ 0.51+0.32

⑲ 0.62+0.23

㉖ 0.42+0.15

㉝ 0.56+0.12

⑳ 0.55+0.43

㉗ 0.26+0.42

㉞ 0.42+0.24

㉑ 0.27+0.12

㉘ 0.71+0.21

㉟ 0.24+0.54

㉒ 0.64+0.22

㉙ 0.35+0.52

㊱ 0.44+0.33

04 (소수 두 자리 수)+(소수 두 자리 수) 복습 B

덧셈을 하세요.

❶
$$\begin{array}{r} 0.57 \\ +\,0.67 \\ \hline \end{array}$$

① 소수 둘째 자리: 7 + 7 = 14

② 소수 첫째 자리: 1 + 5 + 6 = 12

❻
$$\begin{array}{r} 0.45 \\ +\,0.86 \\ \hline \end{array}$$

⓫
$$\begin{array}{r} 0.64 \\ +\,0.59 \\ \hline \end{array}$$

❷
$$\begin{array}{r} 0.24 \\ +\,0.99 \\ \hline \end{array}$$

❼
$$\begin{array}{r} 0.96 \\ +\,0.44 \\ \hline \end{array}$$

⓬
$$\begin{array}{r} 0.76 \\ +\,0.99 \\ \hline \end{array}$$

❸
$$\begin{array}{r} 0.64 \\ +\,0.88 \\ \hline \end{array}$$

❽
$$\begin{array}{r} 0.49 \\ +\,0.62 \\ \hline \end{array}$$

⓭
$$\begin{array}{r} 0.96 \\ +\,0.85 \\ \hline \end{array}$$

❹
$$\begin{array}{r} 0.47 \\ +\,0.94 \\ \hline \end{array}$$

❾
$$\begin{array}{r} 0.79 \\ +\,0.42 \\ \hline \end{array}$$

⓮
$$\begin{array}{r} 0.83 \\ +\,0.58 \\ \hline \end{array}$$

❺
$$\begin{array}{r} 0.53 \\ +\,0.89 \\ \hline \end{array}$$

❿
$$\begin{array}{r} 0.85 \\ +\,0.98 \\ \hline \end{array}$$

⓯
$$\begin{array}{r} 0.38 \\ +\,0.93 \\ \hline \end{array}$$

정답 97쪽

공부한 날짜	맞힌 개수	걸린 시간
월 일	/36	분

덧셈을 하세요.

⑯ $0.57+0.94$

㉓ $0.28+0.83$

㉚ $0.76+0.66$

⑰ $0.85+0.66$

㉔ $0.78+0.83$

㉛ $0.48+0.78$

⑱ $0.46+0.85$

㉕ $0.55+0.96$

㉜ $0.99+0.92$

⑲ $0.94+0.36$

㉖ $0.67+0.75$

㉝ $0.56+0.58$

⑳ $0.38+0.94$

㉗ $0.97+0.84$

㉞ $0.86+0.75$

㉑ $0.58+0.74$

㉘ $0.66+0.97$

㉟ $0.24+0.98$

㉒ $0.67+0.96$

㉙ $0.48+0.92$

㊱ $0.78+0.34$

05 1보다 큰 소수 한 자리 수의 덧셈 복습 A

덧셈을 하세요.

❶ $\begin{array}{r} 2.6 \\ +3.1 \\ \hline \end{array}$

① 소수 첫째 자리: 6 + 1 = 7
② 일의 자리: 2 + 3 = 5

❷ $\begin{array}{r} 3.1 \\ +2.3 \\ \hline \end{array}$

❸ $\begin{array}{r} 1.3 \\ +2.4 \\ \hline \end{array}$

❹ $\begin{array}{r} 3.1 \\ +3.4 \\ \hline \end{array}$

❺ $\begin{array}{r} 2.4 \\ +3.2 \\ \hline \end{array}$

❻ $\begin{array}{r} 2.2 \\ +3.3 \\ \hline \end{array}$

❼ $\begin{array}{r} 3.1 \\ +3.2 \\ \hline \end{array}$

❽ $\begin{array}{r} 1.1 \\ +2.4 \\ \hline \end{array}$

❾ $\begin{array}{r} 2.1 \\ +3.6 \\ \hline \end{array}$

❿ $\begin{array}{r} 3.3 \\ +2.5 \\ \hline \end{array}$

⓫ $\begin{array}{r} 1.5 \\ +1.2 \\ \hline \end{array}$

⓬ $\begin{array}{r} 2.4 \\ +1.5 \\ \hline \end{array}$

⓭ $\begin{array}{r} 1.5 \\ +1.3 \\ \hline \end{array}$

⓮ $\begin{array}{r} 1.5 \\ +2.4 \\ \hline \end{array}$

⓯ $\begin{array}{r} 3.2 \\ +2.1 \\ \hline \end{array}$

정답 98쪽

공부한 날짜	맞힌 개수	걸린 시간
월 일	/36	분

덧셈을 하세요.

⑯ 3.2+3.7

⑰ 1.2+1.5

⑱ 3.1+2.5

⑲ 2.1+3.6

⑳ 1.4+1.1

㉑ 3.1+2.7

㉒ 3.5+2.1

㉓ 1.1+2.7

㉔ 1.4+2.3

㉕ 2.3+3.1

㉖ 2.5+1.2

㉗ 2.4+1.4

㉘ 2.2+3.5

㉙ 3.3+3.5

㉚ 1.3+1.3

㉛ 2.2+1.2

㉜ 1.1+1.6

㉝ 2.6+1.3

㉞ 2.2+1.1

㉟ 2.1+1.3

㊱ 3.3+3.4

06 1보다 큰 소수 한 자리 수의 덧셈 복습 B

덧셈을 하세요.

1 $\begin{array}{r} 3.6 \\ +2.7 \\ \hline \end{array}$

① 소수 첫째 자리: 6 + 7 = 13

② 일의 자리: 1 + 3 + 2 = 6

2 $\begin{array}{r} 2.2 \\ +1.9 \\ \hline \end{array}$

3 $\begin{array}{r} 5.4 \\ +4.6 \\ \hline \end{array}$

4 $\begin{array}{r} 4.5 \\ +4.5 \\ \hline \end{array}$

5 $\begin{array}{r} 1.4 \\ +4.9 \\ \hline \end{array}$

6 $\begin{array}{r} 4.7 \\ +3.9 \\ \hline \end{array}$

7 $\begin{array}{r} 3.8 \\ +1.5 \\ \hline \end{array}$

8 $\begin{array}{r} 1.6 \\ +2.8 \\ \hline \end{array}$

9 $\begin{array}{r} 3.9 \\ +4.7 \\ \hline \end{array}$

10 $\begin{array}{r} 3.7 \\ +4.7 \\ \hline \end{array}$

11 $\begin{array}{r} 2.5 \\ +4.7 \\ \hline \end{array}$

12 $\begin{array}{r} 2.5 \\ +2.7 \\ \hline \end{array}$

13 $\begin{array}{r} 3.3 \\ +4.7 \\ \hline \end{array}$

14 $\begin{array}{r} 5.8 \\ +4.6 \\ \hline \end{array}$

15 $\begin{array}{r} 3.9 \\ +2.3 \\ \hline \end{array}$

정답 98쪽

공부한 날짜	맞힌 개수	걸린 시간
월 일	/36	분

덧셈을 하세요.

⑯ 4.6+1.7

⑰ 4.3+1.9

⑱ 5.4+2.9

⑲ 5.6+3.5

⑳ 4.7+2.4

㉑ 3.4+3.8

㉒ 1.5+4.8

㉓ 1.2+1.9

㉔ 1.8+1.5

㉕ 4.5+1.5

㉖ 3.9+3.2

㉗ 4.2+2.8

㉘ 3.7+3.3

㉙ 2.6+4.9

㉚ 3.4+1.7

㉛ 1.7+1.4

㉜ 4.6+4.5

㉝ 5.5+1.9

㉞ 4.8+1.4

㉟ 1.3+3.9

㊱ 5.9+4.9

07 1보다 큰 소수 두 자리 수의 덧셈 복습 A

덧셈을 하세요.

❶ $\begin{array}{r} 2.36 \\ +1.21 \\ \hline \end{array}$

① 소수 둘째 자리: 6+1=7
② 소수 첫째 자리: 3+2=5
③ 일의 자리: 2+1=3

❷ $\begin{array}{r} 4.32 \\ +2.04 \\ \hline \end{array}$

❸ $\begin{array}{r} 3.38 \\ +1.41 \\ \hline \end{array}$

❹ $\begin{array}{r} 1.55 \\ +3.11 \\ \hline \end{array}$

❺ $\begin{array}{r} 1.24 \\ +2.45 \\ \hline \end{array}$

❻ $\begin{array}{r} 1.74 \\ +4.05 \\ \hline \end{array}$

❼ $\begin{array}{r} 4.77 \\ +3.02 \\ \hline \end{array}$

❽ $\begin{array}{r} 1.15 \\ +1.82 \\ \hline \end{array}$

❾ $\begin{array}{r} 5.13 \\ +1.34 \\ \hline \end{array}$

❿ $\begin{array}{r} 1.67 \\ +3.11 \\ \hline \end{array}$

⓫ $\begin{array}{r} 4.78 \\ +3.01 \\ \hline \end{array}$

⓬ $\begin{array}{r} 4.26 \\ +1.22 \\ \hline \end{array}$

⓭ $\begin{array}{r} 5.28 \\ +4.41 \\ \hline \end{array}$

⓮ $\begin{array}{r} 2.07 \\ +3.72 \\ \hline \end{array}$

⓯ $\begin{array}{r} 4.54 \\ +3.03 \\ \hline \end{array}$

정답 98쪽

공부한 날짜	맞힌 개수	걸린 시간
월 일	/36	분

덧셈을 하세요.

⑯ 3.66+3.23

⑰ 3.22+2.03

⑱ 3.37+1.42

⑲ 4.05+4.64

⑳ 1.53+3.26

㉑ 5.37+1.41

㉒ 4.34+2.33

㉓ 2.28+4.41

㉔ 3.44+3.12

㉕ 1.75+4.13

㉖ 2.78+3.11

㉗ 1.76+3.12

㉘ 2.27+1.31

㉙ 5.08+3.51

㉚ 2.63+4.01

㉛ 2.35+2.43

㉜ 3.46+2.12

㉝ 1.02+1.51

㉞ 3.67+3.11

㉟ 2.06+4.63

㊱ 4.03+1.23

08 1보다 큰 소수 두 자리 수의 덧셈 복습 B

덧셈을 하세요.

❶ $1.99 + 1.92$

① 소수 둘째 자리: 9 + 2 = 11
② 소수 첫째 자리: 1 + 9 + 9 = 19
③ 일의 자리: 1 + 1 + 1 = 3

❷ $4.65 + 4.67$

❸ $1.86 + 3.75$

❹ $2.76 + 3.66$

❺ $2.89 + 1.42$

❻ $3.38 + 4.94$

❼ $1.76 + 1.99$

❽ $4.37 + 4.85$

❾ $4.95 + 2.45$

❿ $3.58 + 4.65$

⓫ $3.55 + 4.96$

⓬ $1.45 + 1.87$

⓭ $1.28 + 3.92$

⓮ $4.43 + 2.79$

⓯ $1.64 + 1.88$

정답 98쪽

공부한 날짜	맞힌 개수	걸린 시간
월 일	/36	분

덧셈을 하세요.

⑯ 1.76+3.75

⑰ 2.54+1.88

⑱ 3.78+2.83

⑲ 2.67+3.96

⑳ 4.92+4.69

㉑ 4.57+4.66

㉒ 1.98+1.52

㉓ 3.69+2.82

㉔ 3.92+4.18

㉕ 1.49+3.62

㉖ 2.85+3.66

㉗ 1.36+1.86

㉘ 3.68+2.42

㉙ 4.48+2.92

㉚ 1.88+3.35

㉛ 3.24+2.98

㉜ 4.83+4.58

㉝ 2.79+1.42

㉞ 3.56+2.59

㉟ 3.97+2.84

㊱ 4.78+2.34

09 자릿수가 다른 소수의 덧셈 복습 A

덧셈을 하세요.

❶ $\begin{array}{r} 1.37 \\ +2.2 \\ \hline \end{array}$

① 소수 둘째 자리: 7 + 0 = 7
② 소수 첫째 자리: 3 + 2 = 5
③ 일의 자리: 1 + 2 = 3

❷ $\begin{array}{r} 3.13 \\ +3.6 \\ \hline \end{array}$

❸ $\begin{array}{r} 3.87 \\ +2.1 \\ \hline \end{array}$

❹ $\begin{array}{r} 2.12 \\ +1.5 \\ \hline \end{array}$

❺ $\begin{array}{r} 2.53 \\ +3.4 \\ \hline \end{array}$

❻ $\begin{array}{r} 1.11 \\ +2.7 \\ \hline \end{array}$

❼ $\begin{array}{r} 1.11 \\ +1.1 \\ \hline \end{array}$

❽ $\begin{array}{r} 1.41 \\ +1.5 \\ \hline \end{array}$

❾ $\begin{array}{r} 2.63 \\ +1.3 \\ \hline \end{array}$

❿ $\begin{array}{r} 2.77 \\ +3.2 \\ \hline \end{array}$

⓫ $\begin{array}{r} 3.36 \\ +2.2 \\ \hline \end{array}$

⓬ $\begin{array}{r} 1.15 \\ +2.4 \\ \hline \end{array}$

⓭ $\begin{array}{r} 1.52 \\ +2.1 \\ \hline \end{array}$

⓮ $\begin{array}{r} 2.46 \\ +3.3 \\ \hline \end{array}$

⓯ $\begin{array}{r} 3.23 \\ +2.6 \\ \hline \end{array}$

정답 99쪽

공부한 날짜	맞힌 개수	걸린 시간
월 일	/36	분

덧셈을 하세요.

⑯ 2.24+1.5

⑰ 1.44+1.4

⑱ 2.33+1.3

⑲ 1.12+1.3

⑳ 2.11+1.7

㉑ 3.21+3.3

㉒ 1.11+2.2

㉓ 3.34+2.3

㉔ 1.24+2.1

㉕ 3.33+3.6

㉖ 2.08+1.1

㉗ 3.25+2.4

㉘ 3.42+3.2

㉙ 2.22+1.6

㉚ 2.12+3.2

㉛ 2.22+3.7

㉜ 3.64+3.1

㉝ 1.14+2.5

㉞ 1.11+1.5

㉟ 3.41+2.4

㊱ 3.01+3.2

10 자릿수가 다른 소수의 덧셈 복습 B

덧셈을 하세요.

❶
$$\begin{array}{r} 2.95 \\ +\ 1.5 \\ \hline \end{array}$$

① 소수 둘째 자리: 5 + 0 = 5
② 소수 첫째 자리: 9 + 5 = 14
③ 일의 자리: 1 + 2 + 1 = 4

❷
$$\begin{array}{r} 3.79 \\ +\ 3.4 \\ \hline \end{array}$$

❸
$$\begin{array}{r} 3.35 \\ +\ 2.7 \\ \hline \end{array}$$

❹
$$\begin{array}{r} 1.85 \\ +\ 2.3 \\ \hline \end{array}$$

❺
$$\begin{array}{r} 1.66 \\ +\ 2.8 \\ \hline \end{array}$$

❻
$$\begin{array}{r} 2.99 \\ +\ 1.2 \\ \hline \end{array}$$

❼
$$\begin{array}{r} 2.76 \\ +\ 3.9 \\ \hline \end{array}$$

❽
$$\begin{array}{r} 2.65 \\ +\ 3.5 \\ \hline \end{array}$$

❾
$$\begin{array}{r} 2.93 \\ +\ 1.9 \\ \hline \end{array}$$

❿
$$\begin{array}{r} 2.42 \\ +\ 3.6 \\ \hline \end{array}$$

⓫
$$\begin{array}{r} 2.27 \\ +\ 1.9 \\ \hline \end{array}$$

⓬
$$\begin{array}{r} 2.97 \\ +\ 3.6 \\ \hline \end{array}$$

⓭
$$\begin{array}{r} 2.42 \\ +\ 1.8 \\ \hline \end{array}$$

⓮
$$\begin{array}{r} 2.34 \\ +\ 1.7 \\ \hline \end{array}$$

⓯
$$\begin{array}{r} 2.86 \\ +\ 1.4 \\ \hline \end{array}$$

정답 99쪽

공부한 날짜	맞힌 개수	걸린 시간
월 일	/36	분

덧셈을 하세요.

⑯ 1.97+1.7

⑰ 1.78+2.4

⑱ 2.74+3.6

⑲ 3.84+2.9

⑳ 1.98+1.2

㉑ 3.58+3.8

㉒ 1.67+1.5

㉓ 3.58+2.6

㉔ 2.72+1.5

㉕ 1.59+1.8

㉖ 1.97+2.5

㉗ 2.44+3.9

㉘ 2.93+1.3

㉙ 1.58+2.7

㉚ 2.84+3.2

㉛ 3.99+2.7

㉜ 3.77+3.3

㉝ 1.62+1.4

㉞ 1.94+1.5

㉟ 2.67+1.6

㊱ 1.75+1.7

11 세 소수의 덧셈

복습 A

□ 안에 알맞은 수를 써넣으세요.

❶ 1.7+3.5+2.5=□

① 1.7+3.5=5.2
② 5.2+2.5=7.7

❷ 2.2+0.9+1.3=□

❸ 2.8+2.7+0.3=□

❹ 1.9+1.1+1.6=□

❺ 3.5+2.5+1.7=□

❻ 3.3+2.7+1.8=□

❼ 0.9+3.6+3.1=□

❽ 0.9+1.2+2.5=□

❾ 3.4+0.9+0.3=□

❿ 0.6+3.9+3.2=□

정답 99쪽

공부한 날짜	맞힌 개수	걸린 시간
월 일	/31	분

덧셈을 하세요.

⑪ $0.8+3.5+3.5$

⑱ $0.5+3.9+3.1$

㉕ $0.7+3.5+3.4$

⑫ $0.4+3.8+3.8$

⑲ $0.6+1.7+2.2$

㉖ $1.5+3.5+2.4$

⑬ $2.4+2.6+0.6$

⑳ $0.8+1.9+2.1$

㉗ $3.9+0.3+0.4$

⑭ $3.6+2.8+1.4$

㉑ $1.9+3.4+2.3$

㉘ $3.2+0.8+0.4$

⑮ $1.9+3.5+2.2$

㉒ $2.5+2.8+0.1$

㉙ $2.6+0.7+1.1$

⑯ $2.3+2.8+0.7$

㉓ $1.7+1.9+1.1$

㉚ $0.8+1.9+2.3$

⑰ $0.7+3.6+3.4$

㉔ $0.6+1.5+2.1$

㉛ $2.4+0.6+1.2$

01 (소수 한 자리 수)−(소수 두 자리 수) 복습 A

□ 안에 알맞은 수를 써넣으세요.

1. 0.9는 0.01이 □개이고,
0.38은 0.01이 □개이므로
0.9 − 0.38은 0.01이 □개입니다.
➡ 0.9 − 0.38 = □

2. 0.8은 0.01이 □개이고,
0.24는 0.01이 □개이므로
0.8 − 0.24는 0.01이 □개입니다.
➡ 0.8 − 0.24 = □

3. 0.9는 0.01이 □개이고,
0.37은 0.01이 □개이므로
0.9 − 0.37은 0.01이 □개입니다.
➡ 0.9 − 0.37 = □

4. 0.5는 0.01이 □개이고,
0.17은 0.01이 □개이므로
0.5 − 0.17은 0.01이 □개입니다.
➡ 0.5 − 0.17 = □

5. 0.8은 0.01이 □개이고,
0.52는 0.01이 □개이므로
0.8 − 0.52는 0.01이 □개입니다.
➡ 0.8 − 0.52 = □

6. 0.6은 0.01이 □개이고,
0.33은 0.01이 □개이므로
0.6 − 0.33은 0.01이 □개입니다.
➡ 0.6 − 0.33 = □

7. 0.9는 0.01이 □개이고,
0.25는 0.01이 □개이므로
0.89 − 0.25는 0.01이 □개입니다.
➡ 0.9 − 0.25 = □

8. 0.6은 0.01이 □개이고,
0.14는 0.01이 □개이므로
0.6 − 0.14는 0.01이 □개입니다.
➡ 0.6 − 0.14 = □

9. 0.5는 0.01이 □개이고,
0.25는 0.01이 □개이므로
0.5 − 0.25는 0.01이 □개입니다.
➡ 0.5 − 0.25 = □

10. 0.9는 0.01이 □개이고,
0.52는 0.01이 □개이므로
0.9 − 0.52는 0.01이 □개입니다.
➡ 0.9 − 0.52 = □

정답 100쪽

공부한 날짜	맞힌 개수	걸린 시간
월 일	/20	분

◆ □ 안에 알맞은 수를 써넣으세요.

⑪ 0.8은 0.01이 □개이고,
0.37은 0.01이 □개이므로
0.8 − 0.37은 0.01이 □개입니다.
➡ 0.8 − 0.37 = □

⑫ 0.6은 0.01이 □개이고,
0.29는 0.01이 □개이므로
0.6 − 0.29는 0.01이 □개입니다.
➡ 0.6 − 0.29 = □

⑬ 0.5는 0.01이 □개이고,
0.39는 0.01이 □개이므로
0.5 − 0.39는 0.01이 □개입니다.
➡ 0.5 − 0.39 = □

⑭ 0.5는 0.01이 □개이고,
0.28은 0.01이 □개이므로
0.5 − 0.28은 0.01이 □개입니다.
➡ 0.5 − 0.28 = □

⑮ 0.6은 0.01이 □개이고,
0.28은 0.01이 □개이므로
0.6 − 0.28은 0.01이 □개입니다.
➡ 0.6 − 0.28 = □

⑯ 0.6은 0.01이 □개이고,
0.27은 0.01이 □개이므로
0.6 − 0.27은 0.01이 □개입니다.
➡ 0.6 − 0.27 = □

⑰ 0.5는 0.01이 □개이고,
0.24는 0.01이 □개이므로
0.5 − 0.24는 0.01이 □개입니다.
➡ 0.5 − 0.24 = □

⑱ 0.8은 0.01이 □개이고,
0.49는 0.01이 □개이므로
0.8 − 0.49는 0.01이 □개입니다.
➡ 0.8 − 0.49 = □

⑲ 0.9는 0.01이 □개이고,
0.64는 0.01이 □개이므로
0.9 − 0.64는 0.01이 □개입니다.
➡ 0.9 − 0.64 = □

⑳ 0.5는 0.01이 □개이고,
0.12는 0.01이 □개이므로
0.5 − 0.12는 0.01이 □개입니다.
➡ 0.5 − 0.12 = □

02 (소수 한 자리 수)−(소수 두 자리 수) 복습 B

뺄셈을 하세요.

❶
$$\begin{array}{r} 0.3 \\ -\,0.18 \\ \hline \end{array}$$

① 소수 둘째 자리: 10 − 8 = 2

② 소수 첫째 자리: 3 − 1 − 1 = 1

❷
$$\begin{array}{r} 0.6 \\ -\,0.14 \\ \hline \end{array}$$

❸
$$\begin{array}{r} 0.6 \\ -\,0.16 \\ \hline \end{array}$$

❹
$$\begin{array}{r} 0.5 \\ -\,0.25 \\ \hline \end{array}$$

❺
$$\begin{array}{r} 0.3 \\ -\,0.04 \\ \hline \end{array}$$

❻
$$\begin{array}{r} 0.7 \\ -\,0.59 \\ \hline \end{array}$$

❼
$$\begin{array}{r} 0.8 \\ -\,0.36 \\ \hline \end{array}$$

❽
$$\begin{array}{r} 0.4 \\ -\,0.11 \\ \hline \end{array}$$

❾
$$\begin{array}{r} 0.9 \\ -\,0.76 \\ \hline \end{array}$$

❿
$$\begin{array}{r} 0.7 \\ -\,0.17 \\ \hline \end{array}$$

⓫
$$\begin{array}{r} 0.6 \\ -\,0.31 \\ \hline \end{array}$$

⓬
$$\begin{array}{r} 0.5 \\ -\,0.13 \\ \hline \end{array}$$

⓭
$$\begin{array}{r} 0.9 \\ -\,0.38 \\ \hline \end{array}$$

⓮
$$\begin{array}{r} 0.8 \\ -\,0.08 \\ \hline \end{array}$$

⓯
$$\begin{array}{r} 0.6 \\ -\,0.46 \\ \hline \end{array}$$

정답 100쪽

공부한 날짜	맞힌 개수	걸린 시간
월 일	/36	분

빨셈을 하세요.

⑯ $0.8-0.51$

⑰ $0.5-0.11$

⑱ $0.8-0.48$

⑲ $0.6-0.29$

⑳ $0.4-0.08$

㉑ $0.4-0.23$

㉒ $0.9-0.13$

㉓ $0.9-0.53$

㉔ $0.7-0.23$

㉕ $0.9-0.41$

㉖ $0.8-0.11$

㉗ $0.6-0.33$

㉘ $0.8-0.24$

㉙ $0.5-0.37$

㉚ $0.7-0.48$

㉛ $0.6-0.44$

㉜ $0.3-0.06$

㉝ $0.7-0.19$

㉞ $0.9-0.25$

㉟ $0.8-0.63$

㊱ $0.6-0.02$

03 (소수 두 자리 수)−(소수 두 자리 수) 복습 A

빨셈을 하세요.

❶
$$\begin{array}{r} 0.74 \\ -\,0.42 \\ \hline \end{array}$$

① 소수 둘째 자리: 4 − 2 = 2
② 소수 첫째 자리: 7 − 4 = 3

❷
$$\begin{array}{r} 0.43 \\ -\,0.21 \\ \hline \end{array}$$

❸
$$\begin{array}{r} 0.96 \\ -\,0.13 \\ \hline \end{array}$$

❹
$$\begin{array}{r} 0.58 \\ -\,0.36 \\ \hline \end{array}$$

❺
$$\begin{array}{r} 0.86 \\ -\,0.42 \\ \hline \end{array}$$

❻
$$\begin{array}{r} 0.38 \\ -\,0.15 \\ \hline \end{array}$$

❼
$$\begin{array}{r} 0.86 \\ -\,0.15 \\ \hline \end{array}$$

❽
$$\begin{array}{r} 0.77 \\ -\,0.04 \\ \hline \end{array}$$

❾
$$\begin{array}{r} 0.93 \\ -\,0.71 \\ \hline \end{array}$$

❿
$$\begin{array}{r} 0.67 \\ -\,0.33 \\ \hline \end{array}$$

⓫
$$\begin{array}{r} 0.64 \\ -\,0.13 \\ \hline \end{array}$$

⓬
$$\begin{array}{r} 0.95 \\ -\,0.22 \\ \hline \end{array}$$

⓭
$$\begin{array}{r} 0.55 \\ -\,0.14 \\ \hline \end{array}$$

⓮
$$\begin{array}{r} 0.88 \\ -\,0.57 \\ \hline \end{array}$$

⓯
$$\begin{array}{r} 0.78 \\ -\,0.36 \\ \hline \end{array}$$

정답 100쪽

공부한 날짜	맞힌 개수	걸린 시간
월 일	/36	분

빼셈을 하세요.

⑯ 0.52 − 0.21

㉓ 0.88 − 0.34

㉚ 0.63 − 0.41

⑰ 0.67 − 0.06

㉔ 0.76 − 0.34

㉛ 0.83 − 0.61

⑱ 0.66 − 0.15

㉕ 0.96 − 0.54

㉜ 0.37 − 0.04

⑲ 0.72 − 0.21

㉖ 0.69 − 0.25

㉝ 0.85 − 0.51

⑳ 0.44 − 0.12

㉗ 0.85 − 0.14

㉞ 0.75 − 0.12

㉑ 0.98 − 0.46

㉘ 0.59 − 0.04

㉟ 0.57 − 0.02

㉒ 0.73 − 0.51

㉙ 0.64 − 0.42

㊱ 0.92 − 0.31

04 (소수 두 자리 수)-(소수 두 자리 수) 복습 B

뺄셈을 하세요.

❶ $\begin{array}{r} 0.88 \\ -\,0.59 \\ \hline \end{array}$

① 소수 둘째 자리: 10+8−9=9

② 소수 첫째 자리: 8−1−5=2

❷ $\begin{array}{r} 0.55 \\ -\,0.27 \\ \hline \end{array}$

❸ $\begin{array}{r} 0.72 \\ -\,0.24 \\ \hline \end{array}$

❹ $\begin{array}{r} 0.64 \\ -\,0.17 \\ \hline \end{array}$

❺ $\begin{array}{r} 0.95 \\ -\,0.27 \\ \hline \end{array}$

❻ $\begin{array}{r} 0.32 \\ -\,0.15 \\ \hline \end{array}$

❼ $\begin{array}{r} 0.91 \\ -\,0.44 \\ \hline \end{array}$

❽ $\begin{array}{r} 0.41 \\ -\,0.25 \\ \hline \end{array}$

❾ $\begin{array}{r} 0.73 \\ -\,0.56 \\ \hline \end{array}$

❿ $\begin{array}{r} 0.55 \\ -\,0.26 \\ \hline \end{array}$

⓫ $\begin{array}{r} 0.73 \\ -\,0.54 \\ \hline \end{array}$

⓬ $\begin{array}{r} 0.66 \\ -\,0.38 \\ \hline \end{array}$

⓭ $\begin{array}{r} 0.77 \\ -\,0.18 \\ \hline \end{array}$

⓮ $\begin{array}{r} 0.82 \\ -\,0.29 \\ \hline \end{array}$

⓯ $\begin{array}{r} 0.86 \\ -\,0.17 \\ \hline \end{array}$

정답 100쪽

공부한 날짜	맞힌 개수	걸린 시간
월 일	/36	분

빼셈을 하세요.

⑯ 0.68 − 0.19

⑰ 0.57 − 0.39

⑱ 0.86 − 0.48

⑲ 0.31 − 0.13

⑳ 0.64 − 0.25

㉑ 0.97 − 0.78

㉒ 0.44 − 0.27

㉓ 0.74 − 0.36

㉔ 0.95 − 0.68

㉕ 0.54 − 0.37

㉖ 0.93 − 0.15

㉗ 0.66 − 0.09

㉘ 0.75 − 0.16

㉙ 0.51 − 0.13

㉚ 0.36 − 0.08

㉛ 0.62 − 0.23

㉜ 0.81 − 0.62

㉝ 0.71 − 0.29

㉞ 0.48 − 0.19

㉟ 0.84 − 0.19

㊱ 0.97 − 0.39

05 1보다 큰 소수 한 자리 수의 뺄셈 복습 A

뺄셈을 하세요.

❶ $\begin{array}{r} 4.8 \\ -\ 1.2 \\ \hline \end{array}$

① 소수 첫째 자리: 8 − 2 = 6
② 일의 자리: 4 − 1 = 3

❷ $\begin{array}{r} 4.3 \\ -\ 1.2 \\ \hline \end{array}$

❸ $\begin{array}{r} 5.7 \\ -\ 2.4 \\ \hline \end{array}$

❹ $\begin{array}{r} 5.4 \\ -\ 2.2 \\ \hline \end{array}$

❺ $\begin{array}{r} 4.6 \\ -\ 1.4 \\ \hline \end{array}$

❻ $\begin{array}{r} 4.9 \\ -\ 1.2 \\ \hline \end{array}$

❼ $\begin{array}{r} 4.7 \\ -\ 1.1 \\ \hline \end{array}$

❽ $\begin{array}{r} 6.6 \\ -\ 2.4 \\ \hline \end{array}$

❾ $\begin{array}{r} 3.9 \\ -\ 1.6 \\ \hline \end{array}$

❿ $\begin{array}{r} 4.5 \\ -\ 1.2 \\ \hline \end{array}$

⓫ $\begin{array}{r} 4.5 \\ -\ 1.3 \\ \hline \end{array}$

⓬ $\begin{array}{r} 6.6 \\ -\ 3.3 \\ \hline \end{array}$

⓭ $\begin{array}{r} 6.9 \\ -\ 2.1 \\ \hline \end{array}$

⓮ $\begin{array}{r} 5.8 \\ -\ 2.2 \\ \hline \end{array}$

⓯ $\begin{array}{r} 4.8 \\ -\ 1.6 \\ \hline \end{array}$

정답 101쪽

공부한 날짜	맞힌 개수	걸린 시간
월 일	/36	분

빨셈을 하세요.

⑯ 6.6 − 2.3

㉓ 3.9 − 1.6

㉚ 6.7 − 4.2

⑰ 3.8 − 1.5

㉔ 3.3 − 1.1

㉛ 6.4 − 1.3

⑱ 6.5 − 2.2

㉕ 6.6 − 2.2

㉜ 5.9 − 2.3

⑲ 3.6 − 1.2

㉖ 3.9 − 1.4

㉝ 4.6 − 1.5

⑳ 3.8 − 1.1

㉗ 5.3 − 2.1

㉞ 3.8 − 1.3

㉑ 3.5 − 1.1

㉘ 5.9 − 2.5

㉟ 3.6 − 1.3

㉒ 5.9 − 2.7

㉙ 6.7 − 2.3

㊱ 4.4 − 1.1

06 1보다 큰 소수 한 자리 수의 뺄셈 복습 B

◈ 뺄셈을 하세요.

❶ $\begin{array}{r} 3.3 \\ -\ 1.5 \\ \hline \end{array}$

① 소수 첫째 자리: 10 + 3 − 5 = 8

② 일의 자리: 3 − 1 − 1 = 1

❷ $\begin{array}{r} 3.1 \\ -\ 1.6 \\ \hline \end{array}$

❸ $\begin{array}{r} 5.2 \\ -\ 2.4 \\ \hline \end{array}$

❹ $\begin{array}{r} 5.5 \\ -\ 2.9 \\ \hline \end{array}$

❺ $\begin{array}{r} 6.3 \\ -\ 4.8 \\ \hline \end{array}$

❻ $\begin{array}{r} 3.2 \\ -\ 1.7 \\ \hline \end{array}$

❼ $\begin{array}{r} 4.4 \\ -\ 1.8 \\ \hline \end{array}$

❽ $\begin{array}{r} 4.2 \\ -\ 1.9 \\ \hline \end{array}$

❾ $\begin{array}{r} 3.2 \\ -\ 1.6 \\ \hline \end{array}$

❿ $\begin{array}{r} 6.2 \\ -\ 2.6 \\ \hline \end{array}$

⓫ $\begin{array}{r} 5.3 \\ -\ 2.6 \\ \hline \end{array}$

⓬ $\begin{array}{r} 6.1 \\ -\ 2.3 \\ \hline \end{array}$

⓭ $\begin{array}{r} 4.3 \\ -\ 1.7 \\ \hline \end{array}$

⓮ $\begin{array}{r} 3.5 \\ -\ 1.7 \\ \hline \end{array}$

⓯ $\begin{array}{r} 6.1 \\ -\ 4.5 \\ \hline \end{array}$

정답 101쪽

공부한 날짜	맞힌 개수	걸린 시간
월 일	/36	분

빼셈을 하세요.

⑯ 4.1－1.5

⑰ 4.6－1.8

⑱ 6.3－3.6

⑲ 5.1－2.3

⑳ 5.2－2.7

㉑ 6.3－2.7

㉒ 3.1－1.4

㉓ 5.7－2.9

㉔ 5.2－2.8

㉕ 3.2－1.9

㉖ 4.1－1.6

㉗ 4.7－1.9

㉘ 3.1－1.5

㉙ 6.4－2.6

㉚ 5.4－2.7

㉛ 3.1－1.3

㉜ 4.4－1.6

㉝ 6.3－3.9

㉞ 5.2－2.4

㉟ 3.1－1.8

㊱ 3.4－1.7

07 1보다 큰 소수 두 자리 수의 뺄셈 복습 A

뺄셈을 하세요.

❶ $\begin{array}{r} 5.68 \\ -2.47 \\ \hline \end{array}$

① 소수 둘째 자리: 8 − 7 = 1
② 소수 첫째 자리: 6 − 4 = 2
③ 일의 자리: 5 − 2 = 3

❷ $\begin{array}{r} 5.43 \\ -2.21 \\ \hline \end{array}$

❸ $\begin{array}{r} 3.68 \\ -1.24 \\ \hline \end{array}$

❹ $\begin{array}{r} 4.58 \\ -1.35 \\ \hline \end{array}$

❺ $\begin{array}{r} 5.79 \\ -2.24 \\ \hline \end{array}$

❻ $\begin{array}{r} 6.74 \\ -3.42 \\ \hline \end{array}$

❼ $\begin{array}{r} 6.89 \\ -4.38 \\ \hline \end{array}$

❽ $\begin{array}{r} 3.87 \\ -1.54 \\ \hline \end{array}$

❾ $\begin{array}{r} 5.98 \\ -2.36 \\ \hline \end{array}$

❿ $\begin{array}{r} 4.85 \\ -1.42 \\ \hline \end{array}$

⓫ $\begin{array}{r} 5.36 \\ -2.15 \\ \hline \end{array}$

⓬ $\begin{array}{r} 3.95 \\ -1.63 \\ \hline \end{array}$

⓭ $\begin{array}{r} 4.59 \\ -1.15 \\ \hline \end{array}$

⓮ $\begin{array}{r} 3.96 \\ -1.64 \\ \hline \end{array}$

⓯ $\begin{array}{r} 6.65 \\ -3.34 \\ \hline \end{array}$

정답 101쪽

공부한 날짜	맞힌 개수	걸린 시간
월 일	/36	분

빼셈을 하세요.

⑯ $4.37-1.26$

㉓ $6.93-2.11$

㉚ $4.69-1.57$

⑰ $4.89-1.22$

㉔ $5.64-2.13$

㉛ $4.44-1.11$

⑱ $4.55-1.23$

㉕ $5.93-2.71$

㉜ $6.66-2.41$

⑲ $4.77-1.25$

㉖ $6.35-2.14$

㉝ $4.76-1.31$

⑳ $4.86-1.63$

㉗ $3.74-1.42$

㉞ $4.67-1.24$

㉑ $6.46-1.32$

㉘ $4.99-1.27$

㉟ $6.87-3.34$

㉒ $6.78-2.33$

㉙ $6.53-4.11$

㊱ $5.97-2.52$

08 1보다 큰 소수 두 자리 수의 뺄셈 복습 B

뺄셈을 하세요.

❶ $\begin{array}{r} 6.55 \\ -\ 2.27 \\ \hline \end{array}$

① 소수 둘째 자리: 10 + 5 − 7 = 8
② 소수 첫째 자리: 5 − 1 − 2 = 2
③ 일의 자리: 6 − 2 = 4

❷ $\begin{array}{r} 5.72 \\ -\ 2.45 \\ \hline \end{array}$

❸ $\begin{array}{r} 3.37 \\ -\ 1.18 \\ \hline \end{array}$

❹ $\begin{array}{r} 4.64 \\ -\ 1.27 \\ \hline \end{array}$

❺ $\begin{array}{r} 3.94 \\ -\ 1.66 \\ \hline \end{array}$

❻ $\begin{array}{r} 5.81 \\ -\ 2.28 \\ \hline \end{array}$

❼ $\begin{array}{r} 6.84 \\ -\ 2.15 \\ \hline \end{array}$

❽ $\begin{array}{r} 4.93 \\ -\ 1.48 \\ \hline \end{array}$

❾ $\begin{array}{r} 6.41 \\ -\ 2.66 \\ \hline \end{array}$

① 소수 둘째 자리: 10 + 1 − 6 = 5
② 소수 첫째 자리: 10 + 4 − 1 − 6 = 7
③ 일의 자리: 6 − 1 − 2 = 3

❿ $\begin{array}{r} 5.21 \\ -\ 2.43 \\ \hline \end{array}$

⓫ $\begin{array}{r} 6.33 \\ -\ 2.67 \\ \hline \end{array}$

⓬ $\begin{array}{r} 3.11 \\ -\ 1.52 \\ \hline \end{array}$

⓭ $\begin{array}{r} 5.11 \\ -\ 2.72 \\ \hline \end{array}$

⓮ $\begin{array}{r} 3.47 \\ -\ 1.88 \\ \hline \end{array}$

⓯ $\begin{array}{r} 4.22 \\ -\ 1.89 \\ \hline \end{array}$

정답 101쪽

공부한 날짜	맞힌 개수	걸린 시간
월 일	/36	분

뺄셈을 하세요.

⑯ $3.83-1.36$

⑰ $4.53-1.25$

⑱ $5.64-2.36$

⑲ $4.97-1.29$

⑳ $3.76-1.28$

㉑ $6.91-2.13$

㉒ $4.55-1.19$

㉓ $5.35-2.16$

㉔ $3.72-1.44$

㉕ $5.92-2.57$

㉖ $6.32-1.46$

㉗ $5.71-2.93$

㉘ $6.33-2.78$

㉙ $4.26-1.87$

㉚ $5.12-2.76$

㉛ $3.63-1.95$

㉜ $6.38-4.89$

㉝ $4.63-1.86$

㉞ $4.35-1.58$

㉟ $3.32-1.77$

㊱ $5.42-2.67$

09 자릿수가 다른 소수의 뺄셈 복습 A

빼셈을 하세요.

❶
$$\begin{array}{r} 8.23 \\ -\ 5.7 \\ \hline \end{array}$$

① 소수 둘째 자리: 3 − 0 = 3
② 소수 첫째 자리: 10 + 2 − 7 = 5
③ 일의 자리: 8 − 1 − 5 = 2

❷
$$\begin{array}{r} 3.13 \\ -\ 1.5 \\ \hline \end{array}$$

❸
$$\begin{array}{r} 7.25 \\ -\ 2.8 \\ \hline \end{array}$$

❹
$$\begin{array}{r} 8.29 \\ -\ 3.4 \\ \hline \end{array}$$

❺
$$\begin{array}{r} 3.45 \\ -\ 1.6 \\ \hline \end{array}$$

❻
$$\begin{array}{r} 6.13 \\ -\ 2.9 \\ \hline \end{array}$$

❼
$$\begin{array}{r} 5.08 \\ -\ 3.8 \\ \hline \end{array}$$

❽
$$\begin{array}{r} 7.28 \\ -\ 5.6 \\ \hline \end{array}$$

❾
$$\begin{array}{r} 6.26 \\ -\ 3.9 \\ \hline \end{array}$$

❿
$$\begin{array}{r} 6.52 \\ -\ 4.8 \\ \hline \end{array}$$

⓫
$$\begin{array}{r} 7.17 \\ -\ 1.3 \\ \hline \end{array}$$

⓬
$$\begin{array}{r} 5.41 \\ -\ 2.9 \\ \hline \end{array}$$

⓭
$$\begin{array}{r} 4.17 \\ -\ 1.5 \\ \hline \end{array}$$

⓮
$$\begin{array}{r} 4.22 \\ -\ 2.7 \\ \hline \end{array}$$

⓯
$$\begin{array}{r} 8.17 \\ -\ 3.7 \\ \hline \end{array}$$

정답 102쪽

공부한 날짜	맞힌 개수	걸린 시간
월 일	/36	분

빼셈을 하세요.

⑯ $4.36-1.5$

㉓ $5.14-3.3$

㉚ $6.37-4.8$

⑰ $7.11-5.8$

㉔ $6.33-3.6$

㉛ $5.47-2.7$

⑱ $9.12-4.4$

㉕ $3.36-1.8$

㉜ $4.35-2.7$

⑲ $6.36-2.7$

㉖ $7.41-4.9$

㉝ $4.19-1.7$

⑳ $3.14-1.7$

㉗ $6.11-3.5$

㉞ $8.53-4.9$

㉑ $8.43-3.6$

㉘ $6.24-4.5$

㉟ $7.23-3.4$

㉒ $4.21-2.6$

㉙ $5.37-1.5$

㊱ $6.76-1.9$

10 자릿수가 다른 소수의 뺄셈 복습 B

빨셈을 하세요.

❶
$$\begin{array}{r} 3.2 \\ -\,1.89 \\ \hline \end{array}$$

① 소수 둘째 자리: 10 + 0 − 9 = 1

② 소수 첫째 자리: 10 + 2 − 1 − 8 = 3

③ 일의 자리: 3 − 1 − 1 = 1

❷
$$\begin{array}{r} 4.4 \\ -\,2.65 \\ \hline \end{array}$$

❸
$$\begin{array}{r} 6.1 \\ -\,1.43 \\ \hline \end{array}$$

❹
$$\begin{array}{r} 6.6 \\ -\,1.89 \\ \hline \end{array}$$

❺
$$\begin{array}{r} 6.1 \\ -\,1.96 \\ \hline \end{array}$$

❻
$$\begin{array}{r} 4.2 \\ -\,2.38 \\ \hline \end{array}$$

❼
$$\begin{array}{r} 7.2 \\ -\,2.71 \\ \hline \end{array}$$

❽
$$\begin{array}{r} 6.5 \\ -\,2.75 \\ \hline \end{array}$$

❾
$$\begin{array}{r} 6.2 \\ -\,2.95 \\ \hline \end{array}$$

❿
$$\begin{array}{r} 6.4 \\ -\,3.61 \\ \hline \end{array}$$

⓫
$$\begin{array}{r} 4.1 \\ -\,1.83 \\ \hline \end{array}$$

⓬
$$\begin{array}{r} 6.4 \\ -\,2.52 \\ \hline \end{array}$$

⓭
$$\begin{array}{r} 6.6 \\ -\,3.91 \\ \hline \end{array}$$

⓮
$$\begin{array}{r} 6.1 \\ -\,2.98 \\ \hline \end{array}$$

⓯
$$\begin{array}{r} 5.2 \\ -\,2.82 \\ \hline \end{array}$$

정답 102쪽

공부한 날짜	맞힌 개수	걸린 시간
월 일	/36	분

빼셈을 하세요.

⑯ $6.2-2.78$

⑰ $5.4-1.49$

⑱ $6.1-1.79$

⑲ $4.1-1.66$

⑳ $3.3-1.77$

㉑ $6.2-1.36$

㉒ $4.4-2.82$

㉓ $5.2-3.84$

㉔ $6.4-3.57$

㉕ $6.5-2.92$

㉖ $4.6-3.84$

㉗ $5.5-2.92$

㉘ $4.6-3.91$

㉙ $3.2-1.63$

㉚ $5.2-3.54$

㉛ $4.5-3.57$

㉜ $6.6-1.63$

㉝ $6.4-3.87$

㉞ $4.3-3.41$

㉟ $4.1-2.68$

㊱ $6.1-2.72$

11 세 소수의 뺄셈

복습 A

□ 안에 알맞은 수를 써넣으세요.

❶ 9.3 − 4.8 − 2.7 = □

① 9.3 − 4.8 = 4.5
② 4.5 − 2.7 = 1.8

❷ 8.1 − 1.3 − 1.2 = □

❸ 7.1 − 1.4 − 2.7 = □

❹ 6.4 − 3.7 − 1.1 = □

❺ 6.4 − 2.6 − 1.8 = □

❻ 8.2 − 2.5 − 3.1 = □

❼ 6.1 − 1.6 − 2.6 = □

❽ 9.2 − 1.9 − 0.6 = □

❾ 6.5 − 1.8 − 1.4 = □

❿ 6.1 − 4.5 − 0.5 = □

정답 102쪽

공부한 날짜	맞힌 개수	걸린 시간
월 일	/31	분

빼셈을 하세요.

⑪ 8.2−1.5−4.3

⑫ 9.3−3.6−3.5

⑬ 7.4−1.7−3.8

⑭ 9.6−1.9−5.1

⑮ 7.6−1.9−3.4

⑯ 9.2−2.4−1.5

⑰ 7.2−2.8−1.6

⑱ 8.4−1.8−1.8

⑲ 7.2−1.3−0.3

⑳ 9.1−1.5−0.7

㉑ 6.1−2.9−2.4

㉒ 5.3−2.7−0.6

㉓ 5.3−1.8−0.8

㉔ 7.2−2.5−3.2

㉕ 6.1−1.4−1.8

㉖ 9.1−2.7−0.2

㉗ 8.4−2.8−3.2

㉘ 5.1−1.6−1.7

㉙ 5.1−2.3−0.5

㉚ 5.3−1.5−2.4

㉛ 9.1−2.7−5.6

12 세 소수의 덧셈과 뺄셈

복습 A

□ 안에 알맞은 수를 써넣으세요.

❶ $8.2-1.8+1.5=$ □

□

□

① $8.2-1.8=6.4$
② $6.4+1.5=7.9$

❷ $9.3-1.7+0.8=$ □

□

□

❸ $6.2-2.7+3.1=$ □

□

□

❹ $5.3-2.6+1.8=$ □

□

□

❺ $5.1-1.5+2.3=$ □

□

□

❻ $7.4-2.7+1.2=$ □

□

□

❼ $9.1-2.3+2.1=$ □

□

□

❽ $6.3-3.8+2.5=$ □

□

□

❾ $6.6-1.9+3.5=$ □

□

□

❿ $8.3-1.6+0.9=$ □

□

□

정답 102쪽

공부한 날짜	맞힌 개수	걸린 시간
월 일	/31	분

계산을 하세요.

⑪ $9.1-2.6+1.1$

⑱ $4.7-3.8+2.4$

㉕ $9.6-1.9+0.4$

⑫ $6.4-1.9+2.9$

⑲ $5.1-2.7+3.4$

㉖ $9.4-1.8+1.7$

⑬ $5.1-2.8+0.3$

⑳ $2.4-1.8+2.4$

㉗ $9.1-1.5+0.7$

⑭ $2.3-0.5+1.4$

㉑ $7.3-3.9+3.6$

㉘ $2.6-1.8+3.9$

⑮ $7.5-2.8+0.6$

㉒ $6.3-1.5+3.8$

㉙ $9.3-3.6+1.3$

⑯ $2.5-0.4+1.9$

㉓ $8.2-1.5+2.8$

㉚ $8.4-2.8+3.7$

⑰ $7.6-1.9+2.6$

㉔ $8.2-4.7+1.6$

㉛ $9.5-1.6+3.2$

01 삼각형의 각도와 길이 구하기 복습 A

◆ 이등변삼각형입니다. □ 안에 알맞은 수를 써넣으세요.

❶

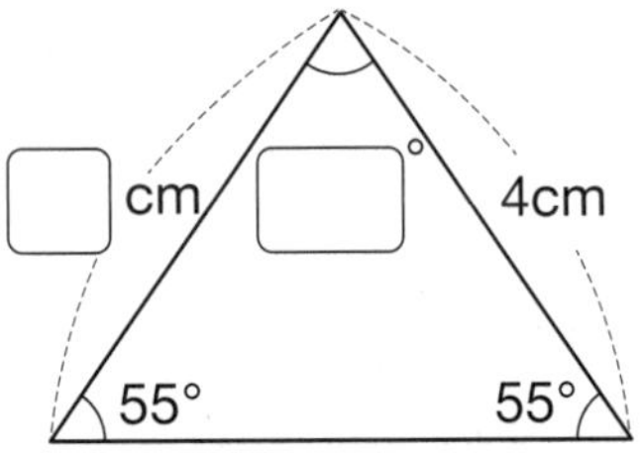

이등변삼각형은 두 변의 길이가 같아요.

❺

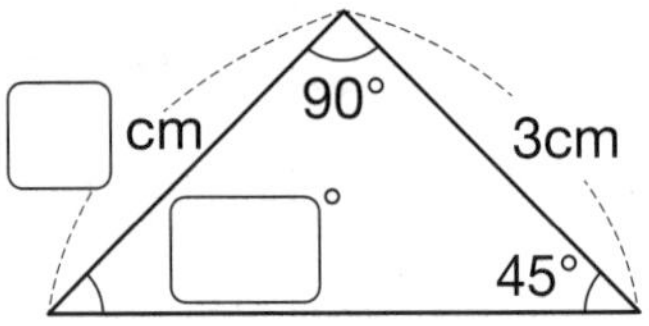

❷

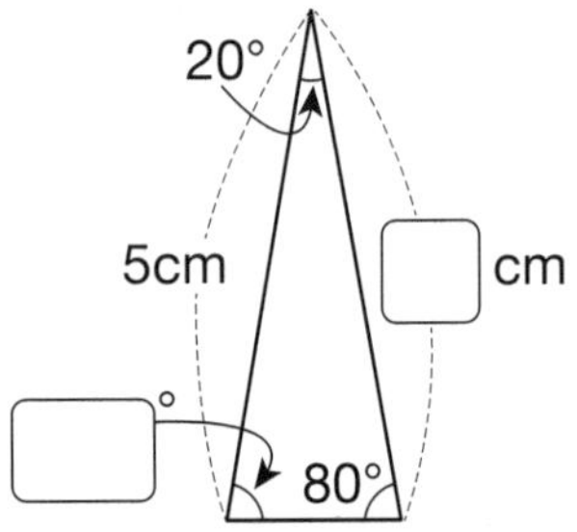

❻

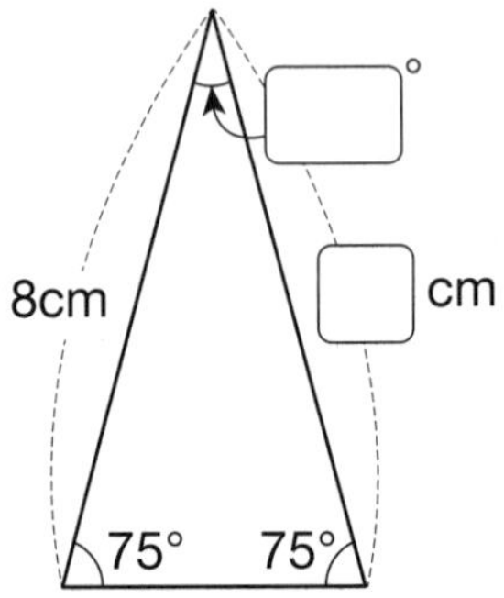

❸

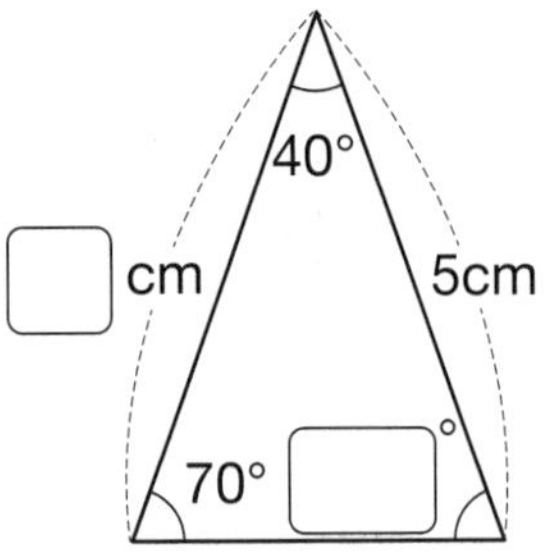

❼

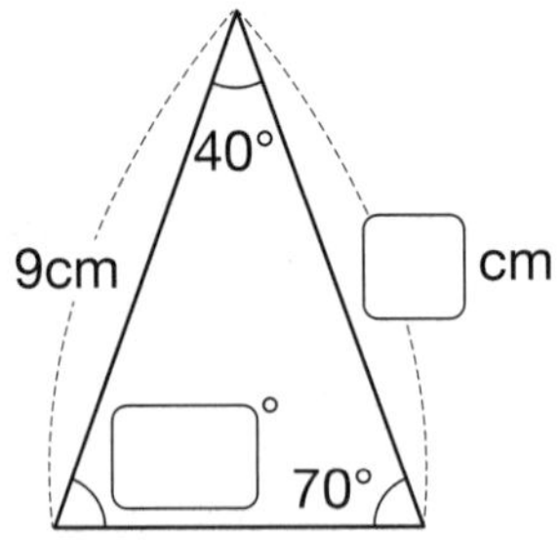

❹

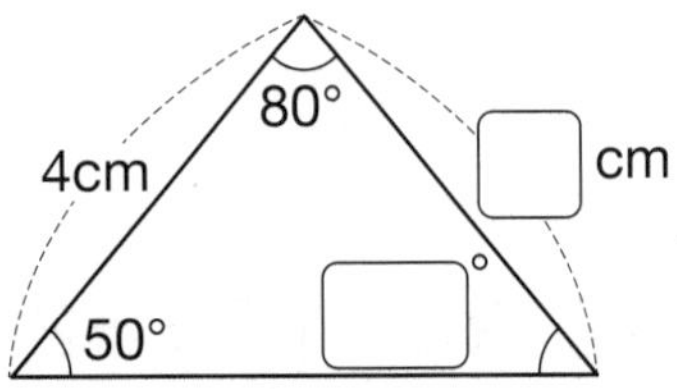

❽

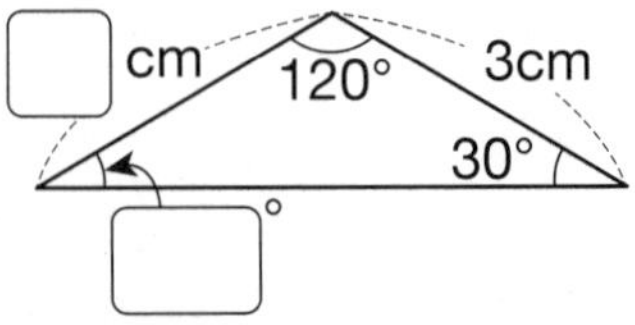

정답 103쪽

공부한 날짜	맞힌 개수	걸린 시간
월 일	/16	분

◆ 정삼각형입니다. □ 안에 알맞은 수를 써넣으세요.

9

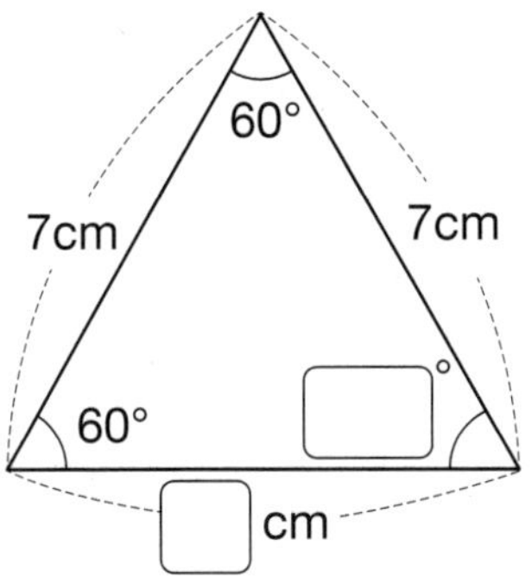

정삼각형은 세 변의 길이가 모두 같아요.

13

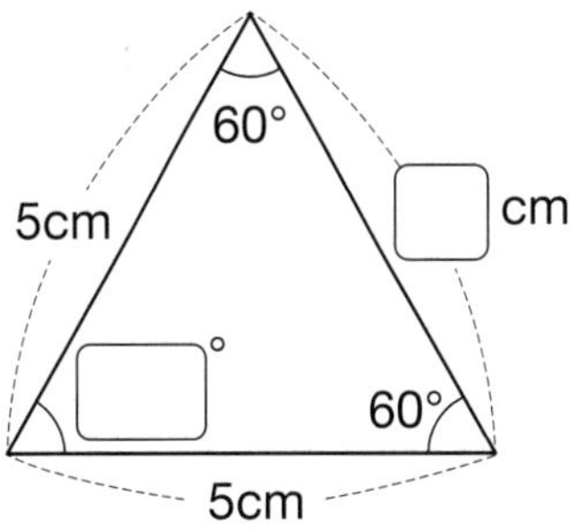

10

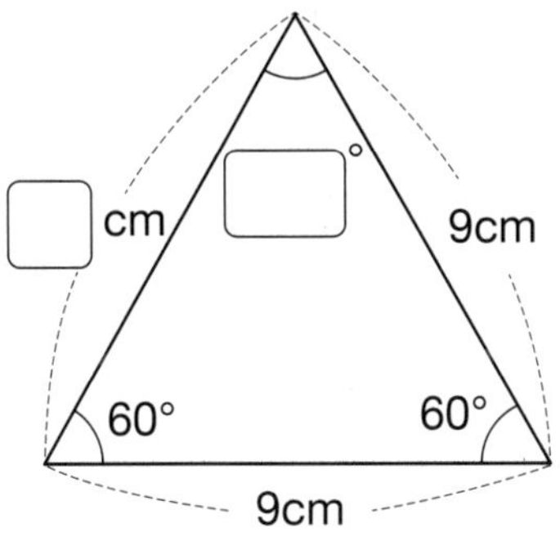

14

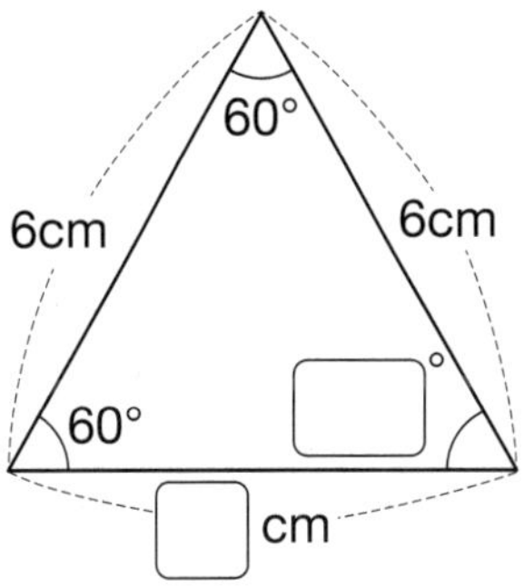

11

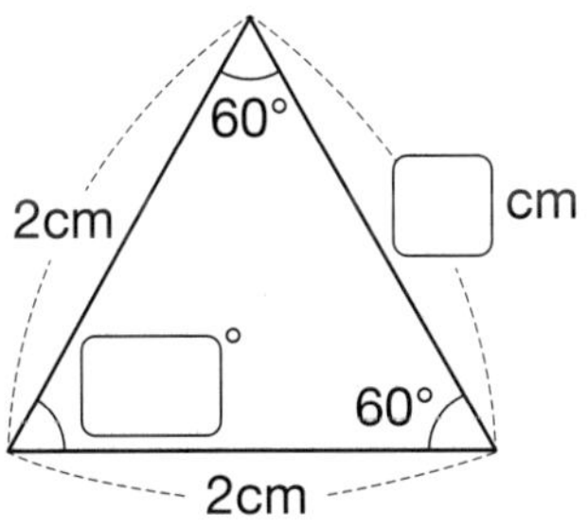

15

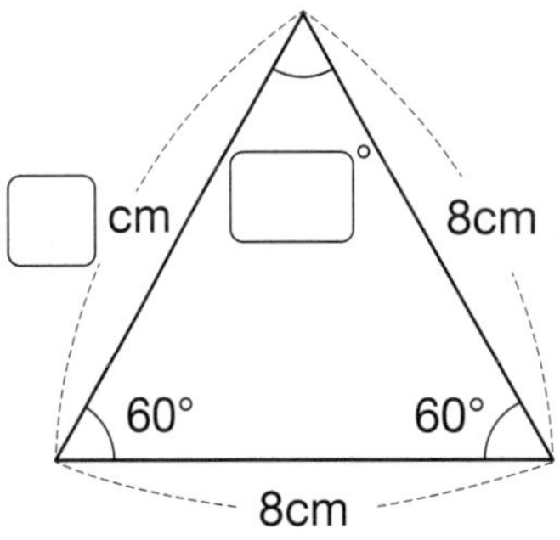

12

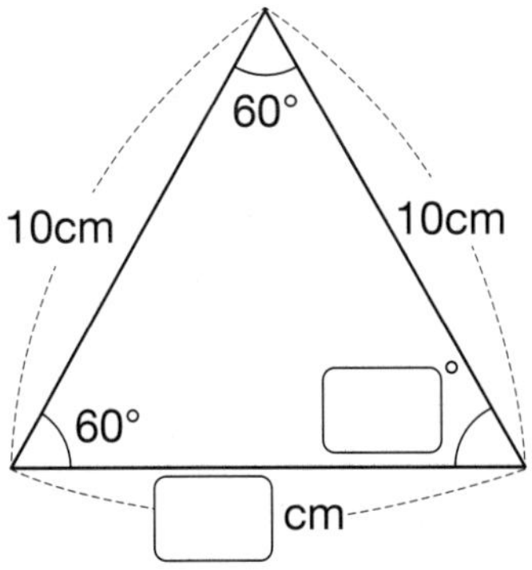

16

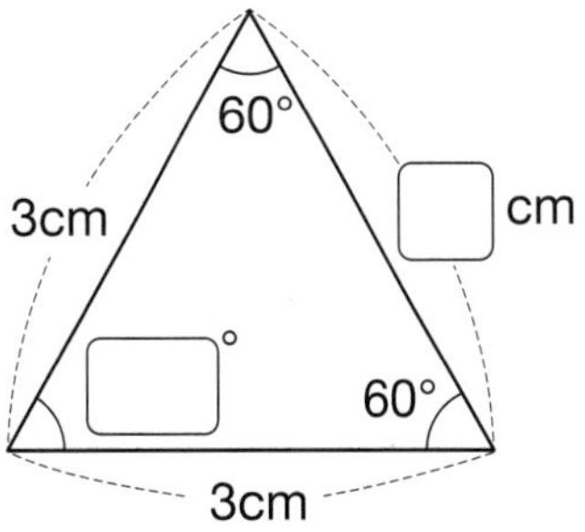

02 평행사변형의 각도와 길이 구하기 복습 A

평행사변형입니다. □ 안에 알맞은 수를 써넣으세요.

1
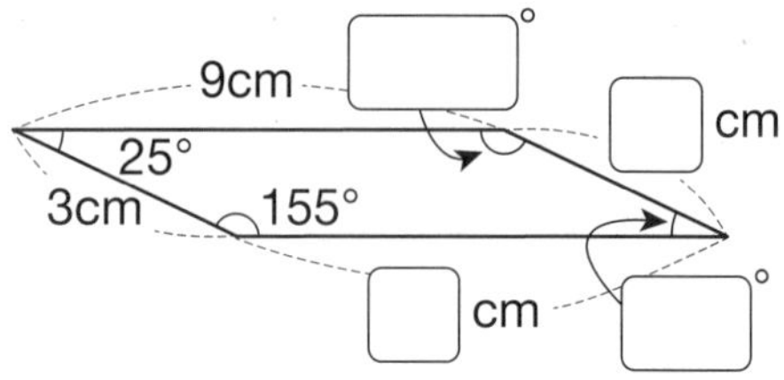

평행사변형은 마주 보는 변의 길이가 서로 같고,
마주 보는 각의 크기가 서로 같아요.

2
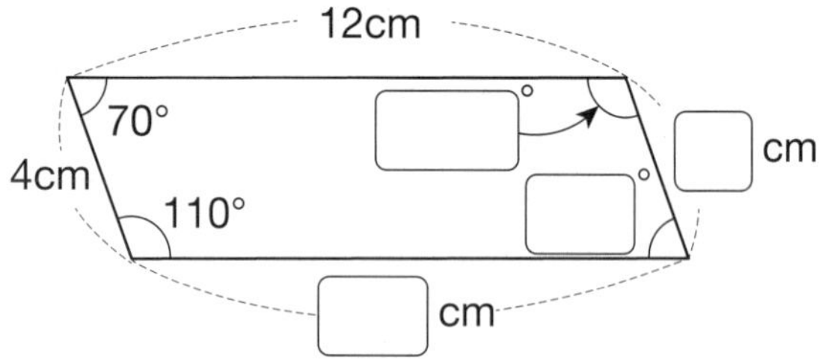

3
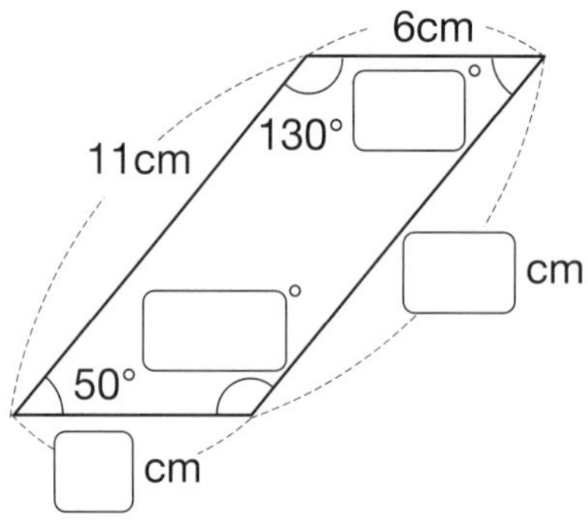

4
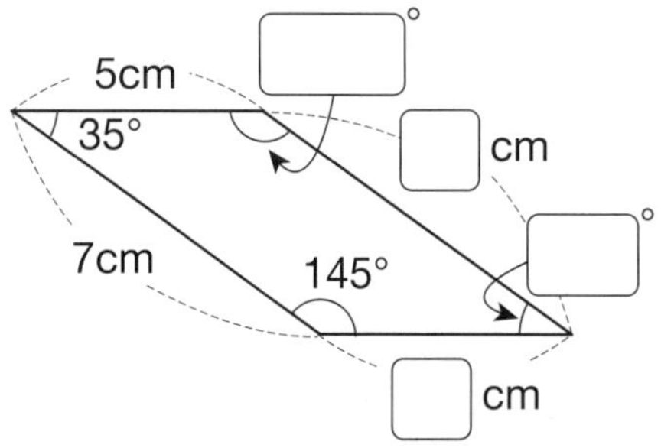

5
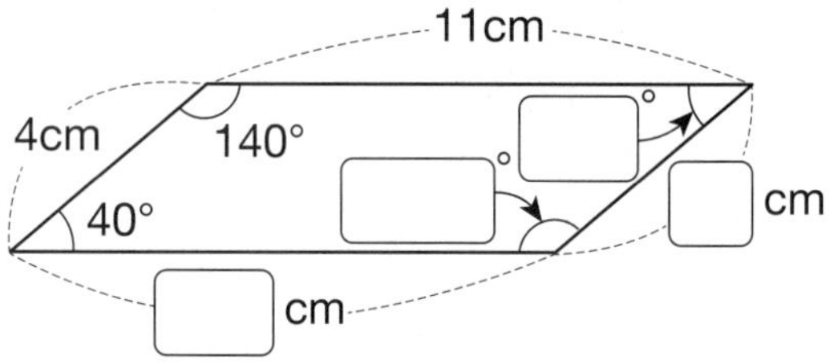

6
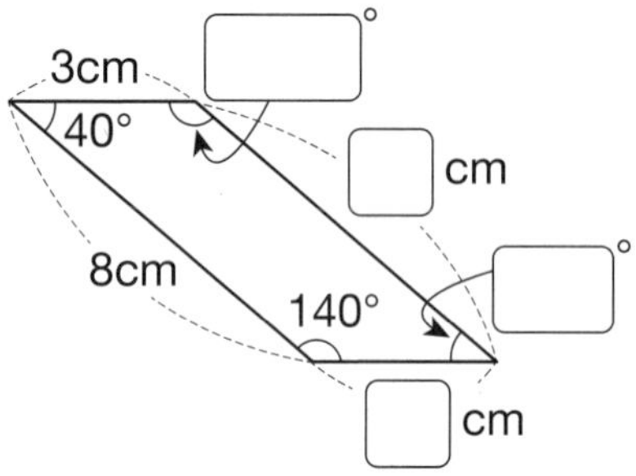

7
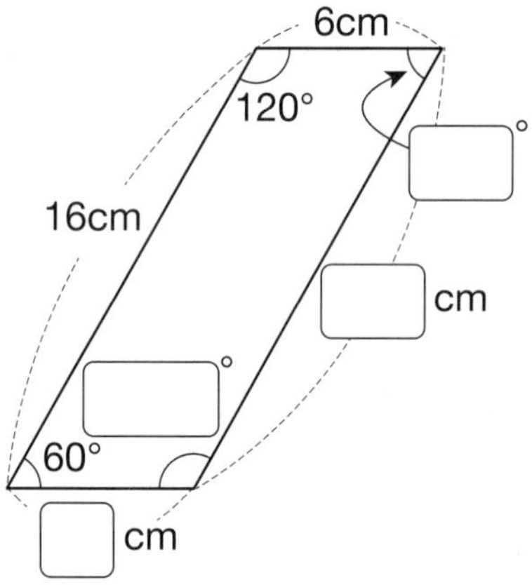

8
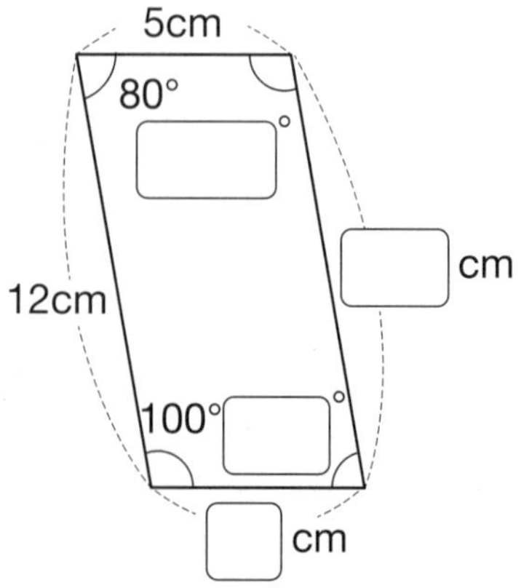

정답 103쪽

공부한 날짜	맞힌 개수	걸린 시간
월 일	/16	분

평행사변형입니다. □ 안에 알맞은 수를 써넣으세요.

9
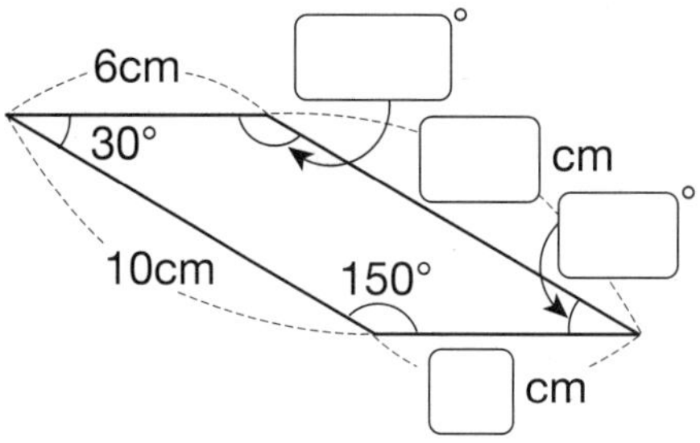

13
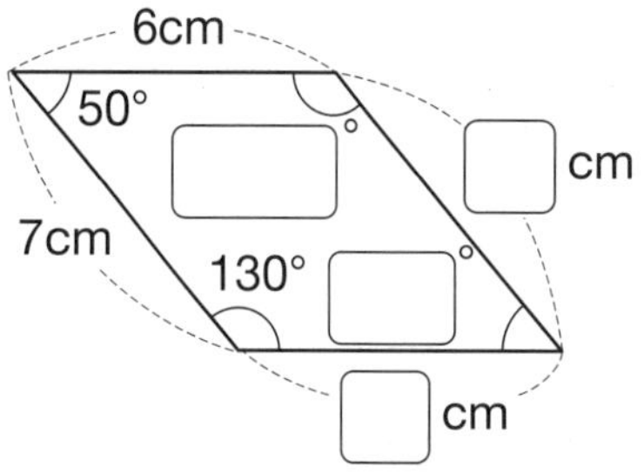

10
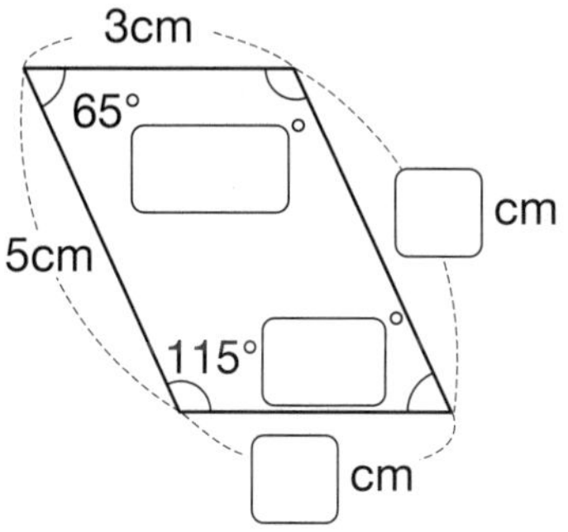

14
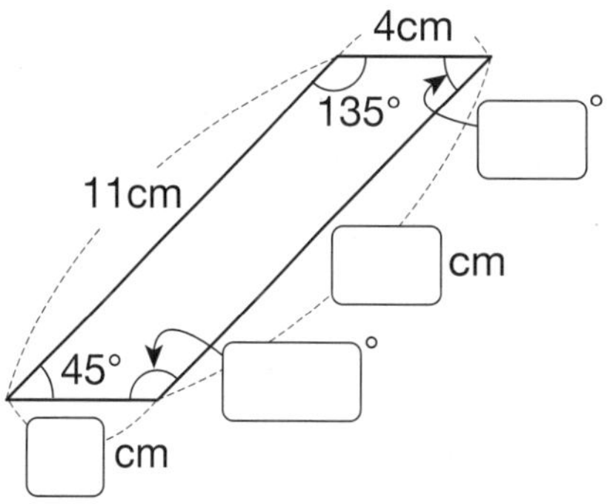

11
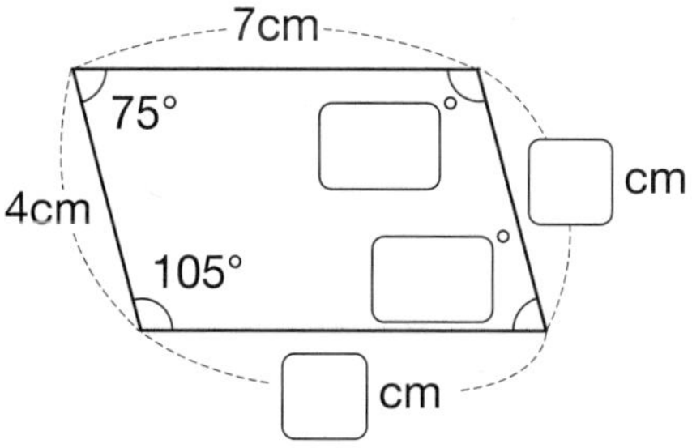

15
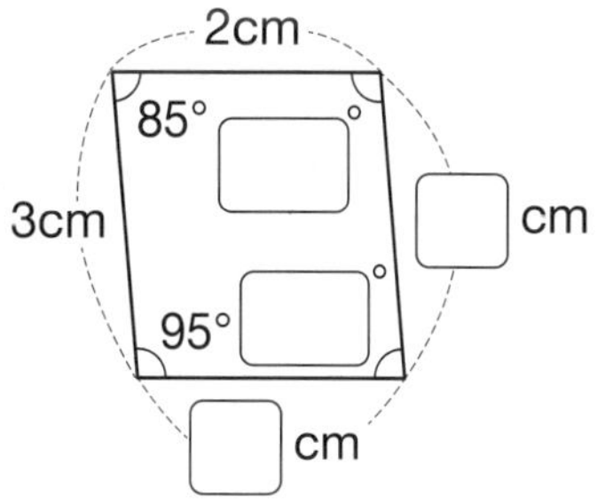

12
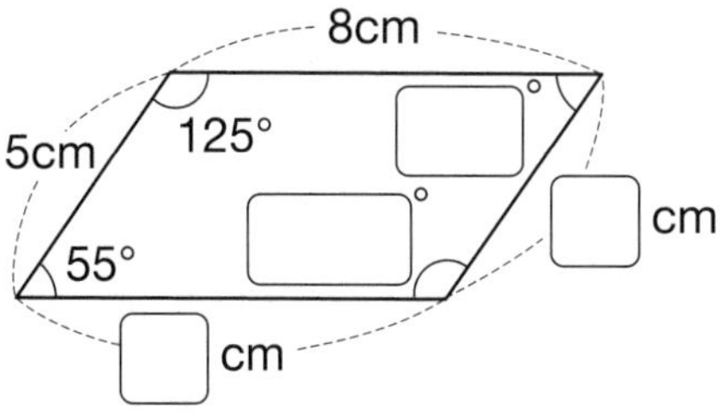

16
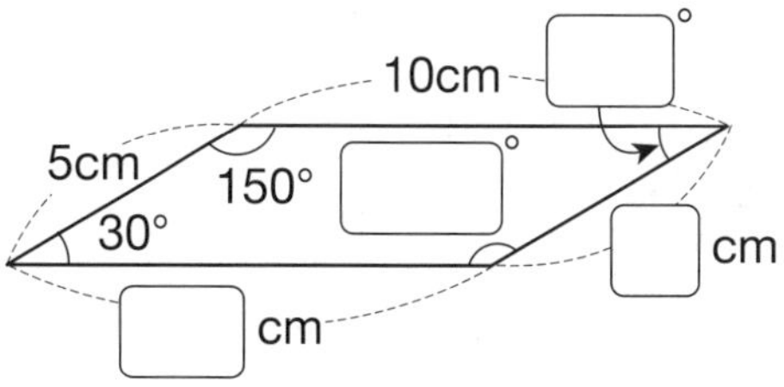

03 마름모의 각도와 길이 구하기 복습 A

마름모입니다. □ 안에 알맞은 수를 써넣으세요.

1
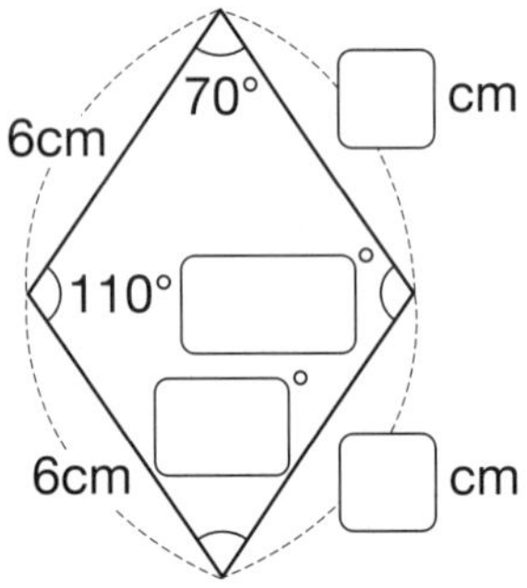

2
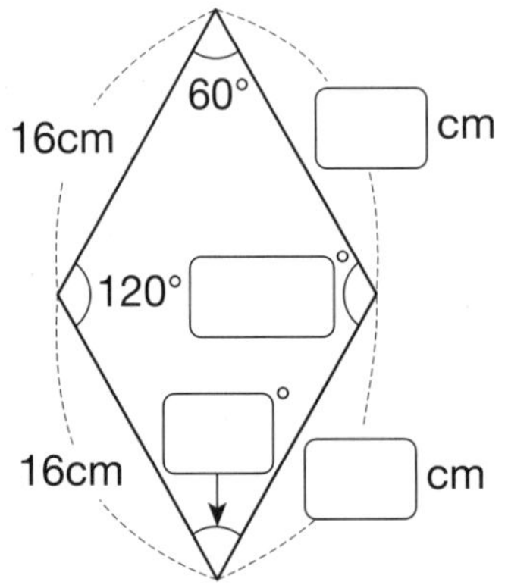

3
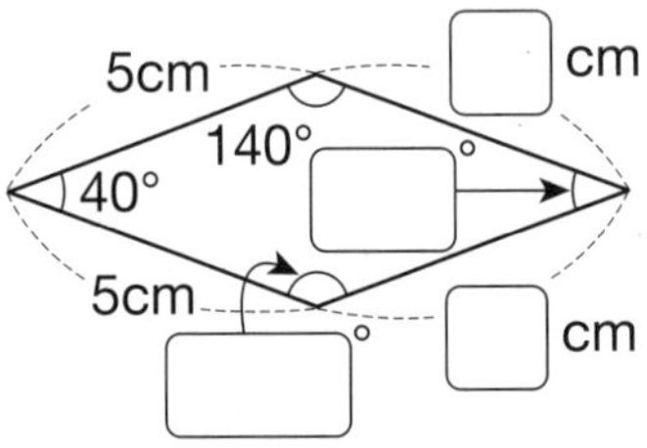

4
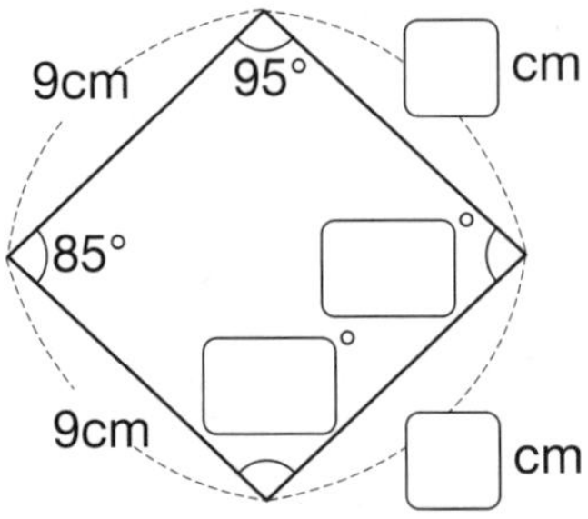

5
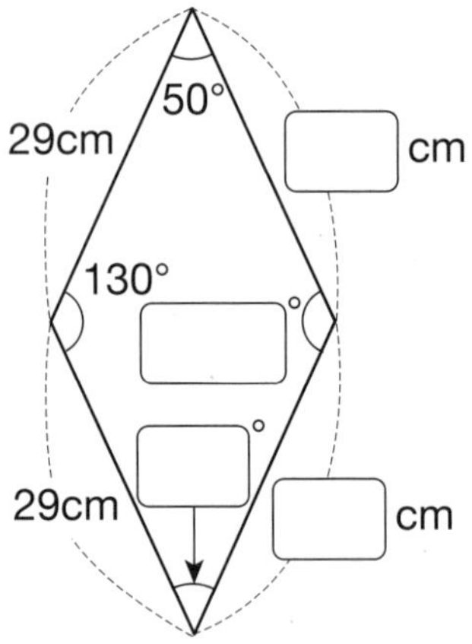

6
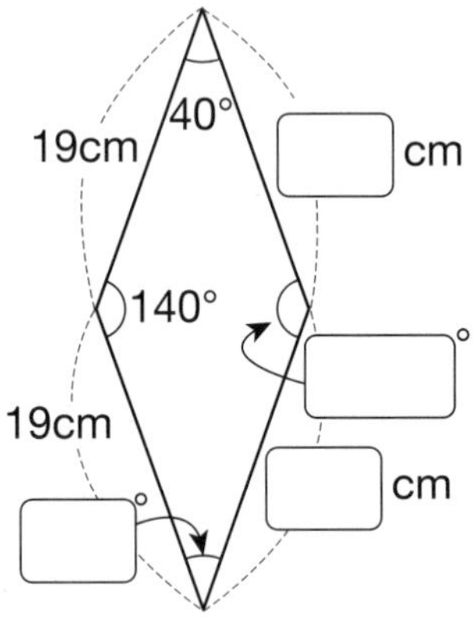

7
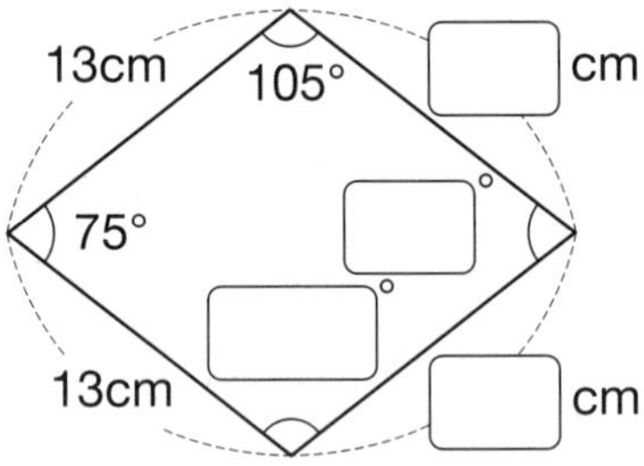

8
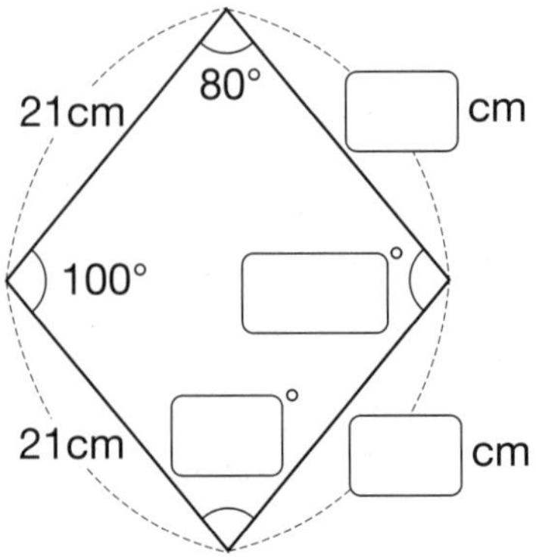

공부한 날짜	맞힌 개수	걸린 시간
월 일	/16	분

마름모입니다. □ 안에 알맞은 수를 써넣으세요.

9
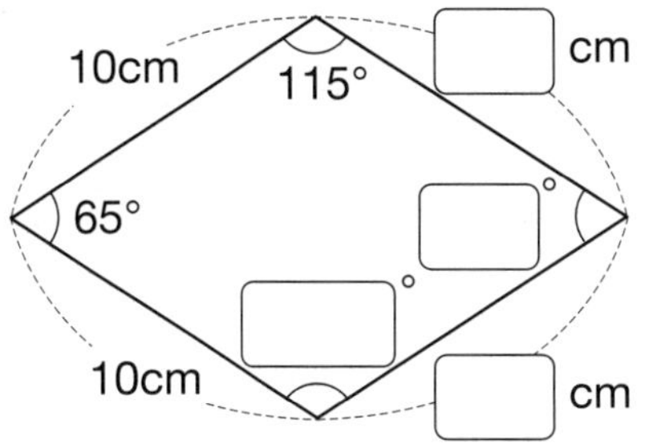

13
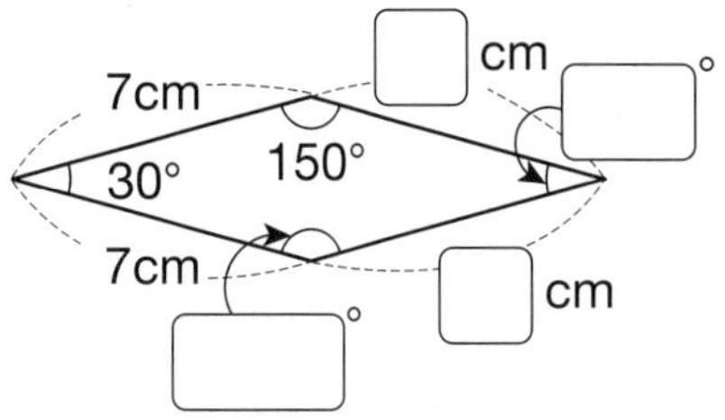

10
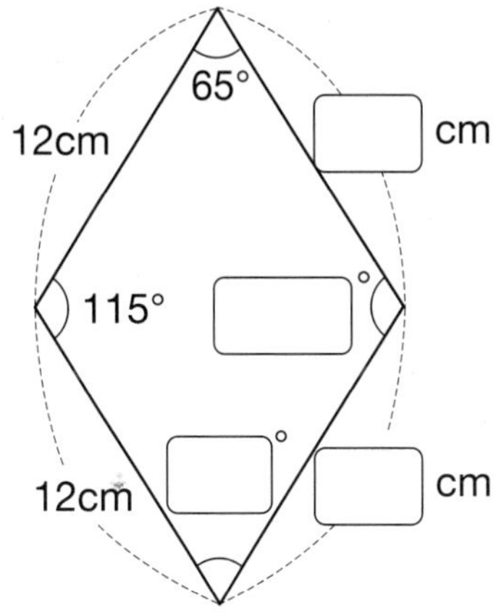

14
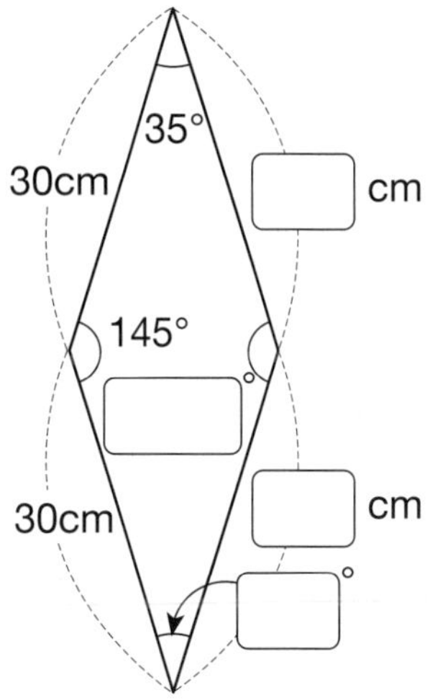

11
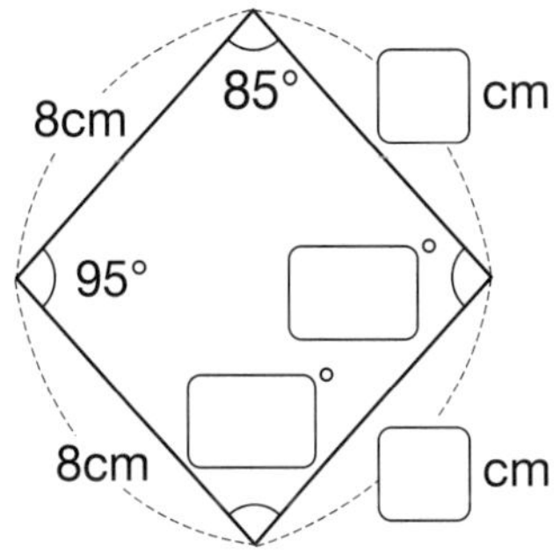

15
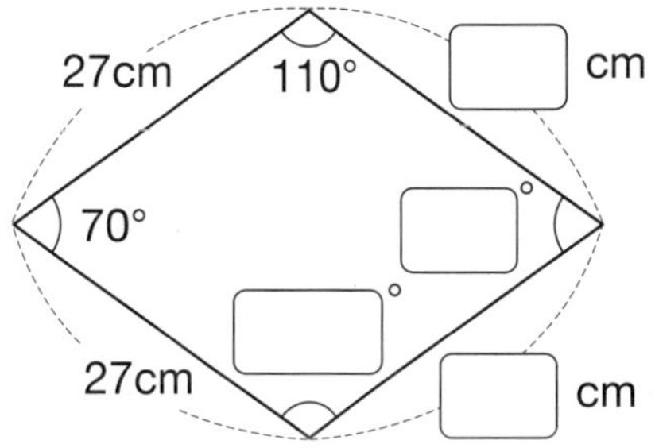

12
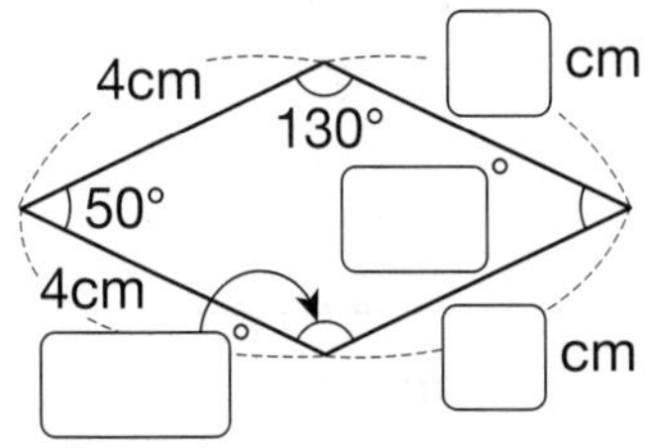

16
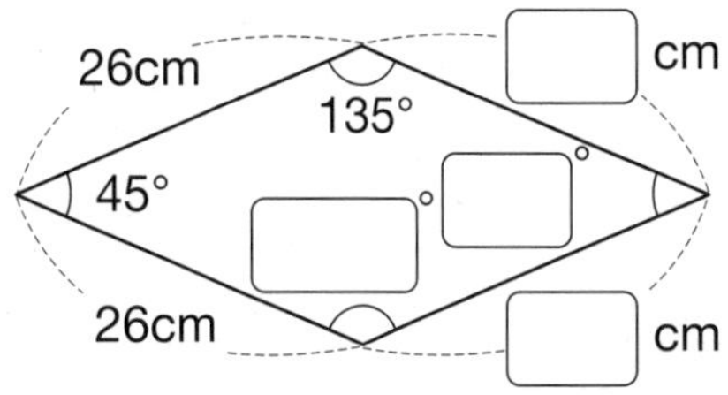

04 직사각형의 각도와 길이 구하기 복습 A

직사각형입니다. □ 안에 알맞은 수를 써넣으세요.

1
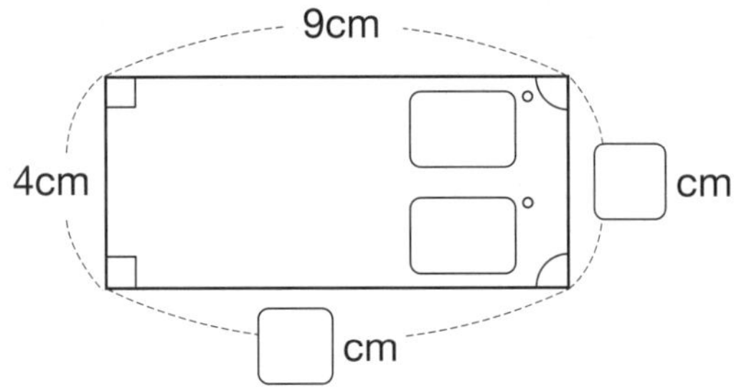

2
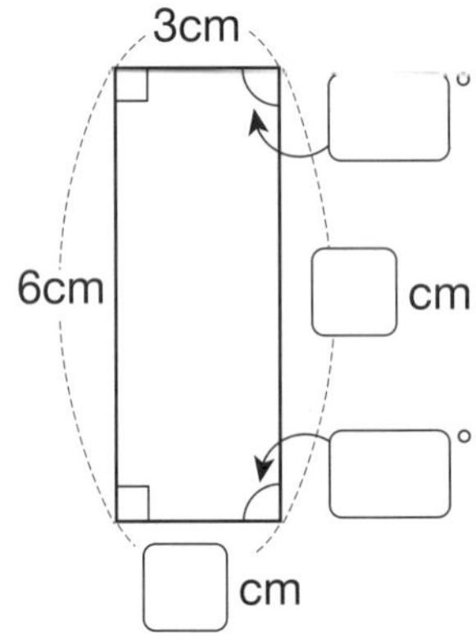

3
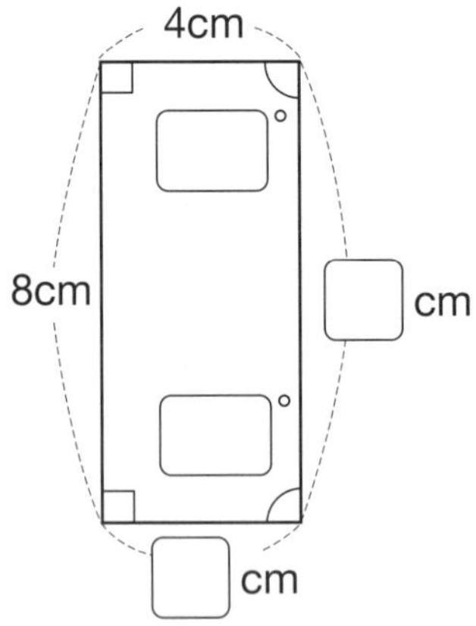

4
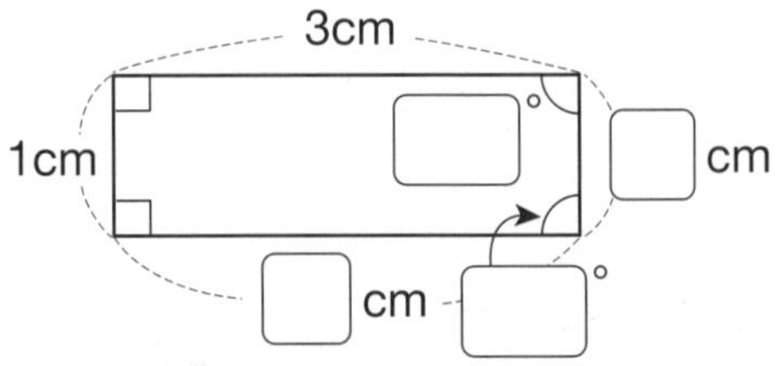

5
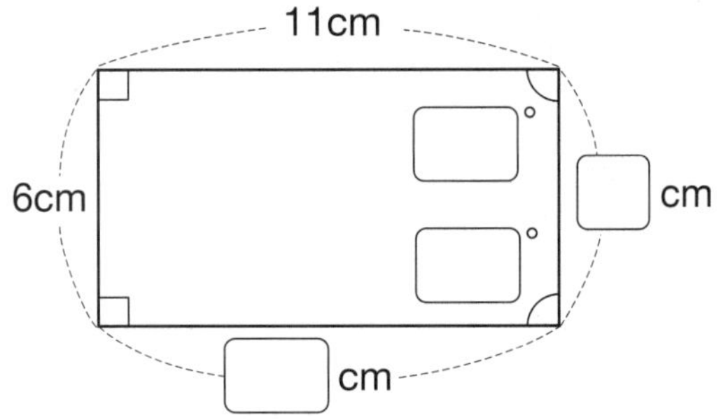

6
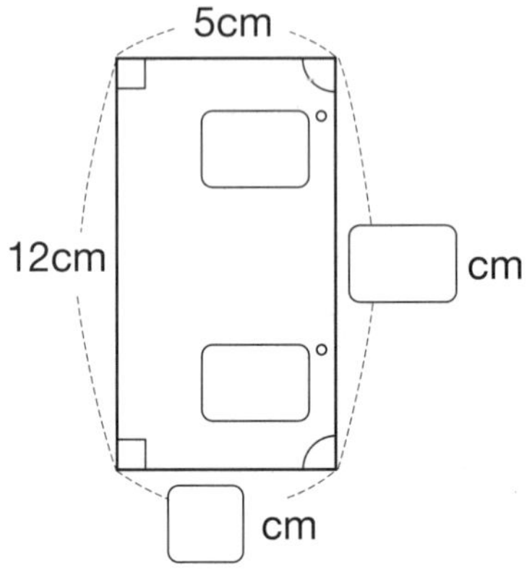

7
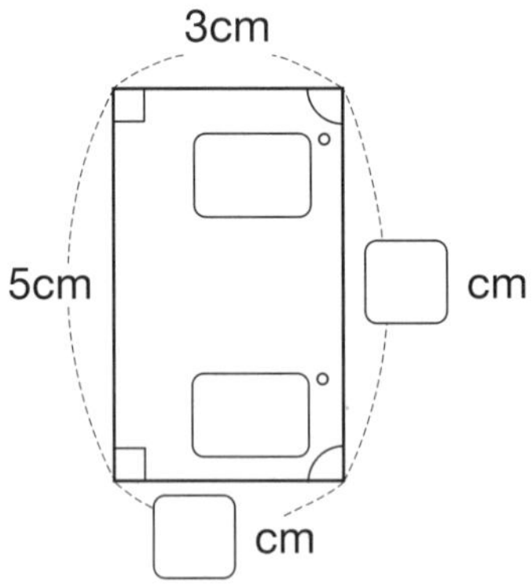

8
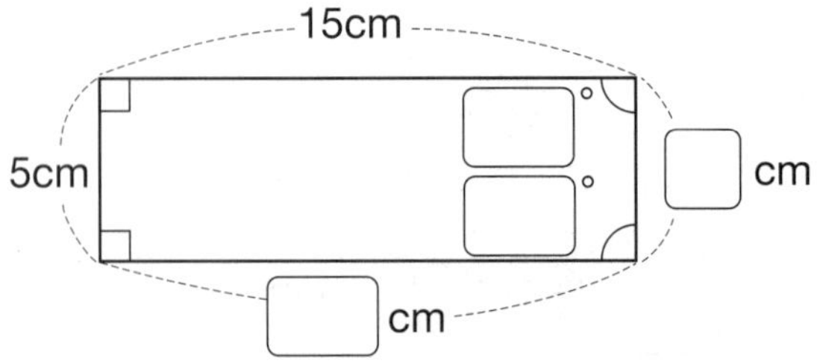

정답 103쪽

공부한 날짜	맞힌 개수	걸린 시간
월 일	/16	분

정사각형입니다. □ 안에 알맞은 수를 써넣으세요.

9

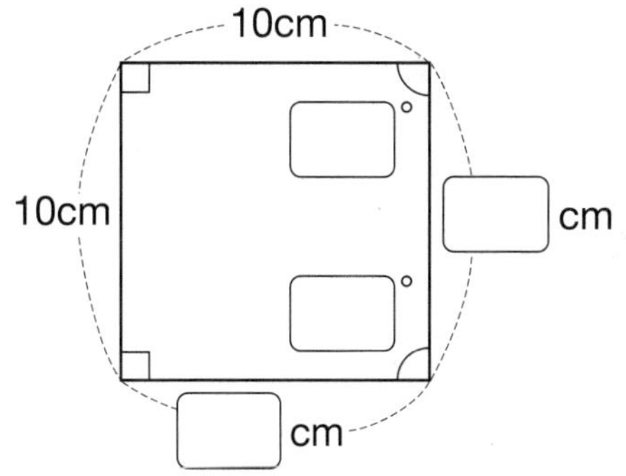

10

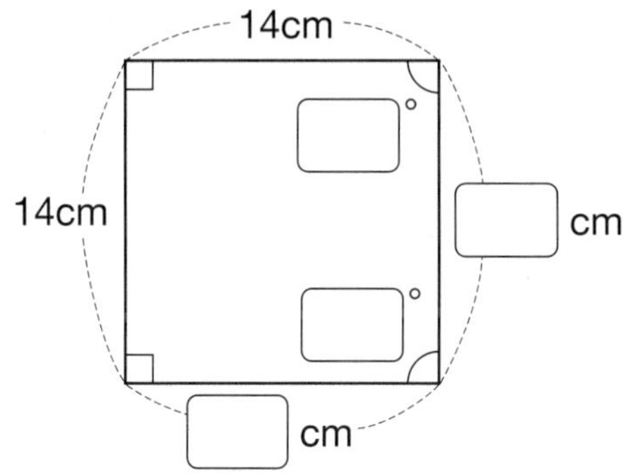

11

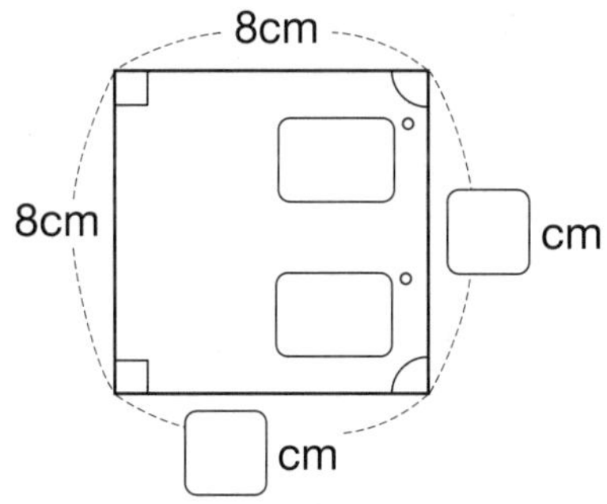

12

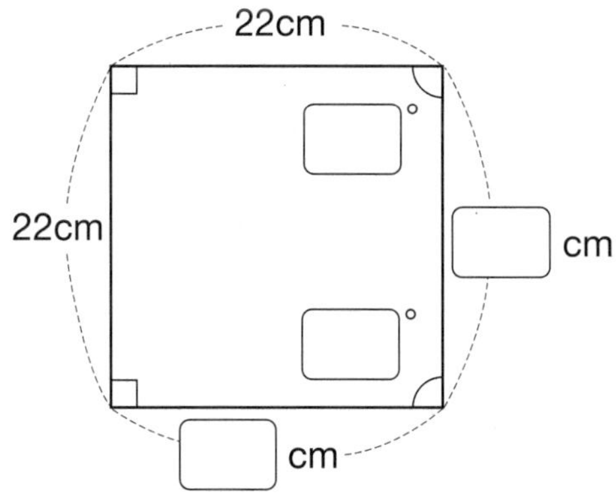

13

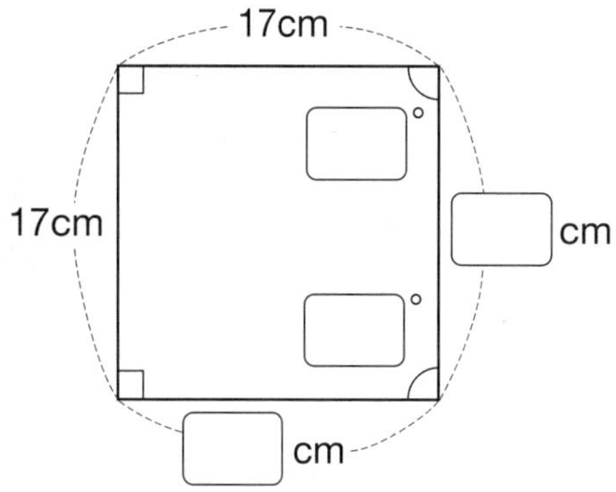

14

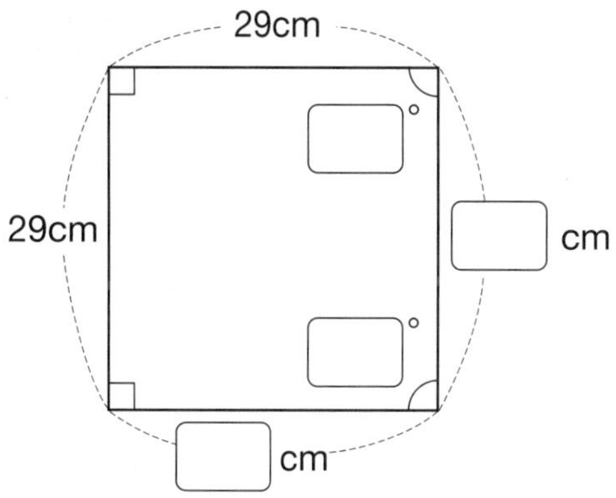

15

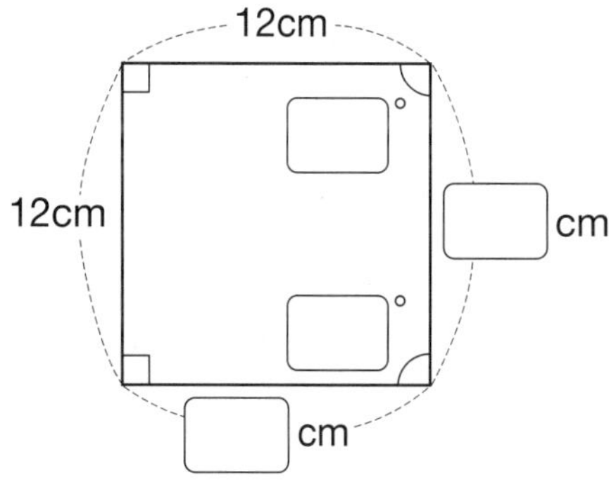

16

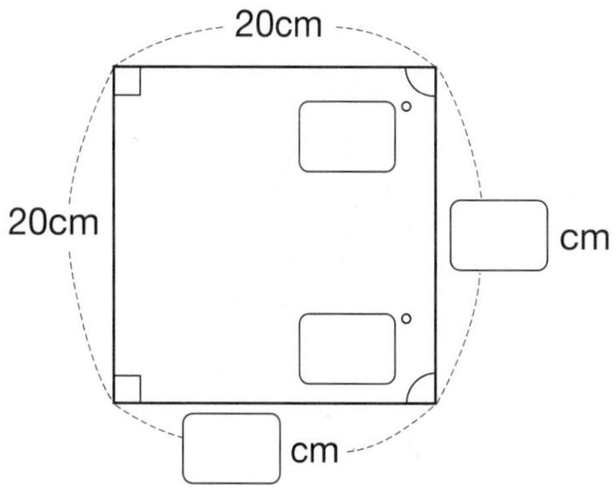

쌍둥이

최우수상

참 잘했어요!

이름 ____________________

위 어린이는 쌍둥이 연산 노트 4학년 2학기 과정을

스스로 꾸준히 훌륭하게 마쳤습니다.

이에 칭찬하여 이 상장을 드립니다.

년　　　　월　　　　일

정답

4·2
초등 8단계
복습책

6쪽 01 분모가 같은 진분수의 덧셈 A

❶ 3 / 1, 2, 3
❷ 3 / 2, 1, 3
❸ 4 / 2, 2, 4
❹ 2 / 1, 1, 2
❺ 4 / 1, 3, 4
❻ 6 / 5, 1, 6

7쪽

⑦ $\frac{5}{9}$
⑧ $\frac{5}{7}$
⑨ $\frac{2}{3}$
⑩ $\frac{7}{10}$
⑪ $\frac{4}{8}$
⑫ $\frac{5}{6}$
⑬ $\frac{9}{10}$
⑭ $\frac{4}{6}$
⑮ $\frac{9}{10}$
⑯ $\frac{6}{9}$
⑰ $\frac{5}{6}$
⑱ $\frac{5}{7}$
⑲ $\frac{6}{8}$
⑳ $\frac{6}{7}$
㉑ $\frac{6}{9}$
㉒ $\frac{3}{4}$
㉓ $\frac{3}{7}$
㉔ $\frac{7}{8}$
㉕ $\frac{9}{10}$
㉖ $\frac{4}{5}$
㉗ $\frac{3}{5}$

8쪽 02 분모가 같은 진분수의 덧셈 B

❶ 8 / 4, 4, 8, 1, 2
❷ 10 / 7, 3, 10, 1, 2
❸ 8 / 4, 4, 8, 1, 1
❹ 8 / 2, 6, 8, 1, 1
❺ 11 / 6, 5, 11, 1, 4
❻ 7 / 3, 4, 7, 1, 2

9쪽

⑦ $1\frac{1}{10}$
⑧ $1\frac{1}{5}$
⑨ $1\frac{3}{7}$
⑩ $1\frac{1}{9}$
⑪ $1\frac{4}{11}$
⑫ $1\frac{3}{5}$
⑬ $1\frac{5}{10}$
⑭ $1\frac{1}{6}$
⑮ $1\frac{1}{8}$
⑯ $1\frac{1}{6}$
⑰ $1\frac{4}{11}$
⑱ $1\frac{6}{8}$
⑲ $1\frac{2}{10}$
⑳ $1\frac{3}{9}$
㉑ $1\frac{2}{7}$
㉒ $1\frac{3}{11}$
㉓ $1\frac{1}{5}$
㉔ $1\frac{4}{8}$
㉕ $1\frac{4}{9}$
㉖ $1\frac{5}{7}$
㉗ $1\frac{4}{6}$

10쪽 03 분모가 같은 대분수의 덧셈 A

❶ 1, 3, 2, 6, 4, 8
❷ 2, 3, 3, 4, 5, 7
❸ 1, 3, 1, 2, 4, 3
❹ 1, 2, 1, 1, 3, 2
❺ 3, 3, 1, 1, 6, 2
❻ 1, 3, 4, 4, 4, 8
❼ 2, 2, 1, 6, 4, 7
❽ 2, 3, 2, 4, 5, 6

11쪽

⑨ $3\frac{2}{5}$
⑩ $4\frac{3}{7}$
⑪ $5\frac{4}{8}$
⑫ $5\frac{3}{4}$
⑬ $5\frac{4}{5}$
⑭ $4\frac{6}{7}$
⑮ $5\frac{4}{5}$
⑯ $5\frac{2}{8}$
⑰ $4\frac{2}{3}$
⑱ $5\frac{2}{6}$
⑲ $5\frac{4}{9}$
⑳ $4\frac{5}{6}$
㉑ $4\frac{4}{8}$
㉒ $4\frac{6}{9}$
㉓ $5\frac{6}{7}$
㉔ $5\frac{5}{7}$
㉕ $2\frac{3}{5}$
㉖ $5\frac{4}{6}$
㉗ $4\frac{5}{9}$
㉘ $6\frac{2}{4}$
㉙ $4\frac{4}{7}$

12쪽 04 분모가 같은 대분수의 덧셈 B

❶ 15, 23, 38, 5, 3
❷ 7, 10, 17, 5, 2
❸ 19, 31, 50, 5, 5
❹ 9, 11, 20, 2, 4
❺ 10, 11, 21, 2, 5
❻ 6, 8, 14, 2, 4
❼ 17, 24, 41, 5, 6
❽ 7, 16, 23, 3, 5
❾ 16, 18, 34, 6, 4
❿ 9, 13, 22, 5, 2

13쪽

⑪ $4\frac{4}{8}$
⑫ $3\frac{2}{6}$
⑬ $6\frac{2}{5}$
⑭ $2\frac{3}{4}$
⑮ $5\frac{5}{6}$
⑯ $4\frac{2}{6}$
⑰ $3\frac{4}{7}$
⑱ $2\frac{2}{4}$
⑲ $3\frac{5}{7}$
⑳ $5\frac{7}{9}$
㉑ $6\frac{4}{6}$
㉒ $3\frac{7}{9}$
㉓ $3\frac{3}{8}$
㉔ $4\frac{4}{5}$
㉕ $4\frac{3}{6}$
㉖ $4\frac{4}{5}$
㉗ $6\frac{3}{6}$
㉘ $5\frac{5}{9}$
㉙ $6\frac{3}{4}$
㉚ $5\frac{5}{6}$
㉛ $3\frac{8}{9}$

05 진분수 부분의 합이 1보다 큰 대분수의 덧셈 Ⓐ

14쪽

❶ 1, 3, 4, 4, 5, 1
❷ 1, 3, 2, 3, 5, 1
❸ 2, 3, 5, 6, 6, 3
❹ 3, 3, 3, 5, 7, 2
❺ 1, 1, 3, 5, 3, 2
❻ 2, 3, 2, 7, 6, 1
❼ 3, 3, 2, 2, 7, 1
❽ 2, 2, 3, 8, 5, 2

15쪽

❾ $6\frac{2}{6}$
❿ $4\frac{6}{8}$
⓫ $5\frac{2}{5}$
⓬ $5\frac{2}{7}$
⓭ $5\frac{4}{9}$
⓮ $5\frac{1}{5}$
⓯ $5\frac{6}{9}$
⓰ $5\frac{1}{9}$
⓱ $4\frac{2}{7}$
⓲ $6\frac{3}{9}$
⓳ $5\frac{3}{7}$
⓴ $6\frac{2}{8}$
㉑ $5\frac{3}{9}$
㉒ $4\frac{1}{5}$
㉓ $4\frac{2}{8}$
㉔ $5\frac{1}{3}$
㉕ $3\frac{3}{7}$
㉖ $5\frac{2}{4}$
㉗ $6\frac{1}{6}$
㉘ $5\frac{3}{8}$
㉙ $5\frac{4}{8}$

06 진분수 부분의 합이 1보다 큰 대분수의 덧셈 Ⓑ

16쪽

❶ 20, 23, 43, 7, 1
❷ 10, 11, 21, 5, 1
❸ 12, 19, 31, 4, 3
❹ 11, 23, 34, 4, 2
❺ 15, 16, 31, 5, 1
❻ 25, 35, 60, 6, 6
❼ 21, 35, 56, 6, 2
❽ 13, 14, 27, 5, 2
❾ 14, 15, 29, 7, 1
❿ 20, 29, 49, 6, 1

17쪽

⓫ $3\frac{4}{6}$
⓬ $4\frac{2}{7}$
⓭ $6\frac{4}{8}$
⓮ $3\frac{2}{4}$
⓯ $3\frac{1}{5}$
⓰ $6\frac{2}{9}$
⓱ $6\frac{1}{4}$
⓲ $4\frac{5}{9}$
⓳ $6\frac{1}{9}$
⓴ $6\frac{1}{5}$
㉑ $7\frac{2}{6}$
㉒ $7\frac{2}{9}$
㉓ $6\frac{1}{7}$
㉔ $4\frac{1}{7}$
㉕ $4\frac{1}{7}$
㉖ $7\frac{1}{5}$
㉗ $4\frac{2}{4}$
㉘ $4\frac{3}{8}$
㉙ $5\frac{1}{5}$
㉚ $6\frac{1}{9}$
㉛ $7\frac{3}{5}$

18쪽 01 분모가 같은 진분수의 뺄셈 A

① 1 / 2, 1, 1
② 3 / 5, 2, 3
③ 3 / 7, 4, 3
④ 3 / 4, 1, 3
⑤ 3 / 6, 3, 3
⑥ 2 / 3, 1, 2

19쪽

⑦ 1 / 5, 4, 1
⑧ 1 / 2, 1, 1
⑨ 2 / 5, 3, 2
⑩ 1 / 7, 6, 1
⑪ 4 / 5, 1, 4
⑫ 2 / 3, 1, 2

20쪽 02 분모가 같은 진분수의 뺄셈 B

① 6, 5, 1
② 3, 1, 2
③ 5, 2, 3
④ 9, 5, 4
⑤ 3, 2, 1
⑥ 7, 4, 3
⑦ 3, 1, 2
⑧ 8, 6, 2
⑨ 2, 1, 1
⑩ 7, 5, 2
⑪ 6, 2, 4
⑫ 5, 2, 3
⑬ 5, 3, 2
⑭ 10, 9, 1

21쪽

⑮ $\frac{2}{8}$
⑯ $\frac{5}{7}$
⑰ $\frac{1}{8}$
⑱ $\frac{3}{8}$
⑲ $\frac{2}{10}$
⑳ $\frac{1}{6}$
㉑ $\frac{3}{8}$
㉒ $\frac{2}{10}$
㉓ $\frac{6}{9}$
㉔ $\frac{1}{10}$
㉕ $\frac{1}{7}$
㉖ $\frac{4}{8}$
㉗ $\frac{3}{9}$
㉘ $\frac{2}{10}$
㉙ $\frac{1}{7}$
㉚ $\frac{6}{10}$
㉛ $\frac{3}{6}$
㉜ $\frac{4}{10}$
㉝ $\frac{6}{8}$
㉞ $\frac{2}{9}$
㉟ $\frac{3}{5}$

22쪽 03 (대분수) − (대분수) A

① 4, 2, 3, 2, 2, 1
② 4, 2, 4, 3, 2, 1
③ 5, 3, 5, 4, 2, 1
④ 5, 2, 2, 1, 3, 1
⑤ 5, 1, 4, 1, 4, 3
⑥ 5, 3, 2, 1, 2, 1
⑦ 4, 2, 4, 1, 2, 3
⑧ 5, 2, 5, 2, 3, 3

23쪽

⑨ $3\frac{2}{5}$
⑩ $3\frac{2}{6}$
⑪ $2\frac{2}{5}$
⑫ $2\frac{1}{7}$
⑬ $2\frac{1}{4}$
⑭ $3\frac{3}{5}$
⑮ $4\frac{2}{7}$
⑯ $2\frac{2}{6}$
⑰ $3\frac{5}{7}$
⑱ $3\frac{3}{6}$
⑲ $3\frac{1}{5}$
⑳ $2\frac{4}{7}$
㉑ $3\frac{1}{6}$
㉒ $2\frac{1}{3}$
㉓ $2\frac{1}{5}$
㉔ $2\frac{1}{4}$
㉕ $4\frac{1}{4}$
㉖ $3\frac{3}{7}$
㉗ $4\frac{2}{5}$
㉘ $3\frac{1}{6}$
㉙ $4\frac{1}{6}$

24쪽 04 (대분수) − (대분수) B

① 35, 19, 16, 2, 4
② 18, 5, 13, 3, 1
③ 27, 11, 16, 2, 2
④ 28, 7, 21, 4, 1
⑤ 27, 9, 18, 2, 4
⑥ 28, 16, 12, 2, 2
⑦ 35, 16, 19, 3, 1
⑧ 23, 7, 16, 3, 1
⑨ 29, 18, 11, 2, 1
⑩ 23, 7, 16, 2, 4

25쪽

⑪ $2\frac{2}{5}$
⑫ $3\frac{1}{5}$
⑬ $3\frac{4}{7}$
⑭ $2\frac{2}{6}$
⑮ $4\frac{1}{6}$
⑯ $2\frac{1}{4}$
⑰ $2\frac{3}{6}$
⑱ $2\frac{2}{6}$
⑲ $3\frac{2}{7}$
⑳ $2\frac{3}{5}$
㉑ $3\frac{2}{7}$
㉒ $4\frac{1}{5}$
㉓ $2\frac{2}{6}$
㉔ $3\frac{5}{7}$
㉕ $2\frac{1}{6}$
㉖ $4\frac{2}{4}$
㉗ $2\frac{1}{6}$
㉘ $2\frac{1}{5}$
㉙ $4\frac{2}{6}$
㉚ $2\frac{1}{7}$
㉛ $2\frac{1}{5}$

26쪽 05 (대분수) – (가분수) Ⓐ

❶ 29, 16, 3, 1
❷ 29, 21, 3, 3
❸ 17, 13, 4, 1
❹ 38, 22, 3, 1
❺ 15, 10, 2, 2
❻ 19, 9, 2, 1
❼ 23, 17, 3, 2
❽ 41, 24, 3, 3
❾ 18, 13, 3, 1
❿ 34, 26, 3, 5

27쪽

⑪ $2\frac{2}{5}$
⑫ $2\frac{2}{6}$
⑬ $2\frac{1}{4}$
⑭ $3\frac{2}{6}$
⑮ $2\frac{1}{5}$
⑯ $3\frac{1}{5}$
⑰ $3\frac{2}{4}$
⑱ $3\frac{1}{6}$
⑲ $3\frac{1}{5}$
⑳ $4\frac{5}{7}$
㉑ $2\frac{1}{4}$
㉒ $3\frac{3}{6}$
㉓ $3\frac{2}{4}$
㉔ $3\frac{2}{7}$
㉕ $2\frac{2}{5}$
㉖ $3\frac{3}{7}$
㉗ $2\frac{1}{3}$
㉘ $3\frac{1}{7}$
㉙ $3\frac{3}{5}$
㉚ $2\frac{4}{7}$
㉛ $2\frac{3}{5}$

28쪽 06 (자연수) – (대분수) Ⓐ

❶ 6, 6, 3, 6, 1, 3, 5
❷ 4, 7, 1, 4, 1, 6, 3
❸ 6, 4, 3, 6, 1, 1, 5
❹ 7, 2, 1, 7, 2, 1, 5
❺ 7, 4, 1, 7, 1, 3, 6
❻ 5, 4, 3, 5, 1, 1, 4
❼ 7, 8, 2, 7, 2, 6, 5
❽ 5, 6, 1, 5, 1, 5, 4

29쪽

❾ $5\frac{2}{5}$
❿ $3\frac{3}{6}$
⑪ $1\frac{6}{7}$
⑫ $1\frac{3}{5}$
⑬ $5\frac{4}{5}$
⑭ $6\frac{3}{5}$
⑮ $1\frac{5}{7}$
⑯ $4\frac{4}{5}$
⑰ $4\frac{5}{7}$
⑱ $2\frac{2}{4}$
⑲ $1\frac{5}{6}$
⑳ $3\frac{4}{5}$
㉑ $3\frac{3}{6}$
㉒ $6\frac{4}{6}$
㉓ $1\frac{6}{7}$
㉔ $1\frac{3}{6}$
㉕ $3\frac{4}{5}$
㉖ $4\frac{5}{7}$
㉗ $3\frac{2}{6}$
㉘ $5\frac{5}{7}$
㉙ $1\frac{5}{6}$

30쪽 07 (자연수) – (대분수) Ⓑ

❶ 25, 7, 18, 3, 3
❷ 56, 8, 48, 6, 6
❸ 48, 14, 34, 5, 4
❹ 30, 20, 10, 1, 4
❺ 28, 15, 13, 1, 6
❻ 42, 16, 26, 3, 5
❼ 42, 10, 32, 5, 2
❽ 49, 11, 38, 5, 3
❾ 45, 12, 33, 6, 3
❿ 40, 13, 27, 6, 3

31쪽

⑪ $3\frac{2}{7}$
⑫ $2\frac{3}{6}$
⑬ $6\frac{2}{5}$
⑭ $8\frac{3}{7}$
⑮ $4\frac{5}{7}$
⑯ $9\frac{6}{7}$
⑰ $4\frac{4}{5}$
⑱ $2\frac{3}{6}$
⑲ $6\frac{3}{4}$
⑳ $1\frac{4}{6}$
㉑ $2\frac{4}{5}$
㉒ $8\frac{4}{7}$
㉓ $4\frac{4}{5}$
㉔ $2\frac{3}{4}$
㉕ $1\frac{2}{5}$
㉖ $6\frac{2}{3}$
㉗ $2\frac{4}{7}$
㉘ $5\frac{4}{6}$
㉙ $10\frac{2}{5}$
㉚ $2\frac{2}{4}$
㉛ $3\frac{6}{7}$

32쪽 08 받아내림이 있는 대분수끼리의 뺄셈 Ⓐ

❶ 9, 3, 2, 9, 5, 1, 4
❷ 4, 4, 3, 4, 2, 1, 2
❸ 9, 4, 1, 9, 5, 3, 4
❹ 6, 2, 1, 6, 4, 1, 2
❺ 8, 4, 2, 8, 4, 2, 4
❻ 12, 4, 3, 12, 6, 1, 6
❼ 6, 4, 3, 6, 3, 1, 3
❽ 12, 3, 2, 12, 6, 1, 6

33쪽

❾ $3\frac{2}{3}$
❿ $1\frac{5}{7}$
⑪ $3\frac{4}{6}$
⑫ $1\frac{5}{6}$
⑬ $3\frac{2}{4}$
⑭ $1\frac{3}{7}$
⑮ $1\frac{4}{5}$
⑯ $2\frac{2}{6}$
⑰ $1\frac{5}{7}$
⑱ $1\frac{4}{5}$
⑲ $1\frac{5}{7}$
⑳ $2\frac{6}{7}$
㉑ $3\frac{2}{6}$
㉒ $2\frac{4}{6}$
㉓ $1\frac{2}{5}$
㉔ $1\frac{3}{6}$
㉕ $1\frac{6}{7}$
㉖ $3\frac{4}{5}$
㉗ $2\frac{6}{7}$
㉘ $1\frac{2}{4}$
㉙ $2\frac{4}{5}$

34쪽 09 받아내림이 있는 대분수끼리의 뺄셈 B

1. 22, 15, 7, 1, 3
2. 32, 11, 21, 3, 3
3. 28, 19, 9, 1, 4
4. 38, 19, 19, 2, 5
5. 32, 14, 18, 3, 3
6. 31, 21, 10, 1, 4
7. 16, 8, 8, 2, 2
8. 21, 10, 11, 2, 3
9. 27, 10, 17, 2, 5
10. 65, 42, 23, 2, 5

35쪽

11. $2\frac{2}{3}$
12. $3\frac{3}{4}$
13. $1\frac{4}{6}$
14. $2\frac{2}{4}$
15. $2\frac{4}{5}$
16. $3\frac{4}{5}$
17. $1\frac{3}{4}$
18. $1\frac{4}{7}$
19. $1\frac{4}{5}$
20. $2\frac{6}{7}$
21. $1\frac{5}{6}$
22. $1\frac{6}{7}$
23. $2\frac{5}{6}$
24. $3\frac{4}{6}$
25. $1\frac{2}{5}$
26. $2\frac{6}{7}$
27. $1\frac{2}{4}$
28. $2\frac{4}{5}$
29. $1\frac{2}{7}$
30. $1\frac{2}{4}$
31. $1\frac{4}{7}$

36쪽 01 (소수 한 자리 수)+(소수 두 자리 수) A

① 0.62	⑥ 0.21	⑪ 0.98
② 0.66	⑦ 0.95	⑫ 0.66
③ 0.67	⑧ 0.93	⑬ 0.98
④ 0.72	⑨ 0.96	⑭ 0.72
⑤ 0.83	⑩ 0.77	⑮ 0.38

37쪽

⑯ 0.56	㉓ 0.58	㉚ 0.58
⑰ 0.53	㉔ 0.68	㉛ 0.51
⑱ 0.99	㉕ 0.82	㉜ 0.84
⑲ 0.53	㉖ 0.77	㉝ 0.93
⑳ 0.33	㉗ 0.44	㉞ 0.94
㉑ 0.85	㉘ 0.78	㉟ 0.86
㉒ 0.95	㉙ 0.96	㊱ 0.73

40쪽 03 (소수 두 자리 수)+(소수 두 자리 수) A

① 0.56	⑥ 0.68	⑪ 0.39
② 0.84	⑦ 0.27	⑫ 0.97
③ 0.49	⑧ 0.47	⑬ 0.75
④ 0.74	⑨ 0.67	⑭ 0.77
⑤ 0.78	⑩ 0.49	⑮ 0.68

41쪽

⑯ 0.67	㉓ 0.86	㉚ 0.88
⑰ 0.97	㉔ 0.93	㉛ 0.78
⑱ 0.45	㉕ 0.88	㉜ 0.83
⑲ 0.85	㉖ 0.57	㉝ 0.68
⑳ 0.98	㉗ 0.68	㉞ 0.66
㉑ 0.39	㉘ 0.92	㉟ 0.78
㉒ 0.86	㉙ 0.87	㊱ 0.77

38쪽 02 (소수 한 자리 수)+(소수 두 자리 수) B

① 1.38	⑥ 1.69	⑪ 1.12
② 1.11	⑦ 1.76	⑫ 1.14
③ 1.04	⑧ 1.46	⑬ 1.31
④ 1.42	⑨ 1.31	⑭ 1.29
⑤ 1.37	⑩ 1.01	⑮ 1.13

39쪽

⑯ 1.07	㉓ 1.05	㉚ 1.49
⑰ 1.26	㉔ 1.49	㉛ 1.32
⑱ 1.01	㉕ 1.22	㉜ 1.58
⑲ 1.15	㉖ 1.04	㉝ 1.11
⑳ 1.13	㉗ 1.06	㉞ 1.04
㉑ 1.12	㉘ 1.67	㉟ 1.58
㉒ 1.31	㉙ 1.06	㊱ 1.02

42쪽 04 (소수 두 자리 수)+(소수 두 자리 수) B

① 1.24	⑥ 1.31	⑪ 1.23
② 1.23	⑦ 1.4	⑫ 1.75
③ 1.52	⑧ 1.11	⑬ 1.81
④ 1.41	⑨ 1.21	⑭ 1.41
⑤ 1.42	⑩ 1.83	⑮ 1.31

43쪽

⑯ 1.51	㉓ 1.11	㉚ 1.42
⑰ 1.51	㉔ 1.61	㉛ 1.26
⑱ 1.31	㉕ 1.51	㉜ 1.91
⑲ 1.3	㉖ 1.42	㉝ 1.14
⑳ 1.32	㉗ 1.81	㉞ 1.61
㉑ 1.32	㉘ 1.63	㉟ 1.22
㉒ 1.63	㉙ 1.4	㊱ 1.12

44쪽 05 1보다 큰 소수 한 자리 수의 덧셈 A

① 5.7	⑥ 5.5	⑪ 2.7
② 5.4	⑦ 6.3	⑫ 3.9
③ 3.7	⑧ 3.5	⑬ 2.8
④ 6.5	⑨ 5.7	⑭ 3.9
⑤ 5.6	⑩ 5.8	⑮ 5.3

45쪽

⑯ 6.9	㉓ 3.8	㉚ 2.6
⑰ 2.7	㉔ 3.7	㉛ 3.4
⑱ 5.6	㉕ 5.4	㉜ 2.7
⑲ 5.7	㉖ 3.7	㉝ 3.9
⑳ 2.5	㉗ 3.8	㉞ 3.3
㉑ 5.8	㉘ 5.7	㉟ 3.4
㉒ 5.6	㉙ 6.8	㊱ 6.7

48쪽 07 1보다 큰 소수 두 자리 수의 덧셈 A

① 3.57	⑥ 5.79	⑪ 7.79
② 6.36	⑦ 7.79	⑫ 5.48
③ 4.79	⑧ 2.97	⑬ 9.69
④ 4.66	⑨ 6.47	⑭ 5.79
⑤ 3.69	⑩ 4.78	⑮ 7.57

49쪽

⑯ 6.89	㉓ 6.69	㉚ 6.64
⑰ 5.25	㉔ 6.56	㉛ 4.78
⑱ 4.79	㉕ 5.88	㉜ 5.58
⑲ 8.69	㉖ 5.89	㉝ 2.53
⑳ 4.79	㉗ 4.88	㉞ 6.78
㉑ 6.78	㉘ 3.58	㉟ 6.69
㉒ 6.67	㉙ 8.59	㊱ 5.26

46쪽 06 1보다 큰 소수 한 자리 수의 덧셈 B

① 6.3	⑥ 8.6	⑪ 7.2
② 4.1	⑦ 5.3	⑫ 5.2
③ 10	⑧ 4.4	⑬ 8
④ 9	⑨ 8.6	⑭ 10.4
⑤ 6.3	⑩ 8.4	⑮ 6.2

47쪽

⑯ 6.3	㉓ 3.1	㉚ 5.1
⑰ 6.2	㉔ 3.3	㉛ 3.1
⑱ 8.3	㉕ 6	㉜ 9.1
⑲ 9.1	㉖ 7.1	㉝ 7.4
⑳ 7.1	㉗ 7	㉞ 6.2
㉑ 7.2	㉘ 7	㉟ 5.2
㉒ 6.3	㉙ 7.5	㊱ 10.8

50쪽 08 1보다 큰 소수 두 자리 수의 덧셈 B

① 3.91	⑥ 8.32	⑪ 8.51
② 9.32	⑦ 3.75	⑫ 3.32
③ 5.61	⑧ 9.22	⑬ 5.2
④ 6.42	⑨ 7.4	⑭ 7.22
⑤ 4.31	⑩ 8.23	⑮ 3.52

51쪽

⑯ 5.51	㉓ 6.51	㉚ 5.23
⑰ 4.42	㉔ 8.1	㉛ 6.22
⑱ 6.61	㉕ 5.11	㉜ 9.41
⑲ 6.63	㉖ 6.51	㉝ 4.21
⑳ 9.61	㉗ 3.22	㉞ 6.15
㉑ 9.23	㉘ 6.1	㉟ 6.81
㉒ 3.5	㉙ 7.4	㊱ 7.12

52쪽 09 자릿수가 다른 소수의 덧셈 A

❶ 3.57	❻ 3.81	⓫ 5.56
❷ 6.73	❼ 2.21	⓬ 3.55
❸ 5.97	❽ 2.91	⓭ 3.62
❹ 3.62	❾ 3.93	⓮ 5.76
❺ 5.93	❿ 5.97	⓯ 5.83

53쪽

⓰ 3.74	㉓ 5.64	㉚ 5.32
⓱ 2.84	㉔ 3.34	㉛ 5.92
⓲ 3.63	㉕ 6.93	㉜ 6.74
⓳ 2.42	㉖ 3.18	㉝ 3.64
⓴ 3.81	㉗ 5.65	㉞ 2.61
㉑ 6.51	㉘ 6.62	㉟ 5.81
㉒ 3.31	㉙ 3.82	㊱ 6.21

54쪽 10 자릿수가 다른 소수의 덧셈 B

❶ 4.45	❻ 4.19	⓫ 4.17
❷ 7.19	❼ 6.66	⓬ 6.57
❸ 6.05	❽ 6.15	⓭ 4.22
❹ 4.15	❾ 4.83	⓮ 4.04
❺ 4.46	❿ 6.02	⓯ 4.26

55쪽

⓰ 3.67	㉓ 6.18	㉚ 6.04
⓱ 4.18	㉔ 4.22	㉛ 6.69
⓲ 6.34	㉕ 3.39	㉜ 7.07
⓳ 6.74	㉖ 4.47	㉝ 3.02
⓴ 3.18	㉗ 6.34	㉞ 3.44
㉑ 7.38	㉘ 4.23	㉟ 4.27
㉒ 3.17	㉙ 4.28	㊱ 3.45

56쪽 11 세 소수의 덧셈 A

(계산 순서대로)

❶ 5.2, 7.7, 7.7	❻ 6, 7.8, 7.8
❷ 3.1, 4.4, 4.4	❼ 4.5, 7.6, 7.6
❸ 5.5, 5.8, 5.8	❽ 2.1, 4.6, 4.6
❹ 3, 4.6, 4.6	❾ 4.3, 4.6, 4.6
❺ 6, 7.7, 7.7	❿ 4.5, 7.7, 7.7

57쪽

⓫ 7.8	⓲ 7.5	㉕ 7.6
⓬ 8	⓳ 4.5	㉖ 7.4
⓭ 5.6	⓴ 4.8	㉗ 4.6
⓮ 7.8	㉑ 7.6	㉘ 4.4
⓯ 7.6	㉒ 5.4	㉙ 4.4
⓰ 5.8	㉓ 4.7	㉚ 5
⓱ 7.7	㉔ 4.2	㉛ 4.2

58쪽 01 (소수 한 자리 수) − (소수 두 자리 수) A

❶ 90, 38, 52, 0.52	❻ 60, 33, 27, 0.27
❷ 80, 24, 56, 0.56	❼ 90, 25, 65, 0.65
❸ 90, 37, 53, 0.53	❽ 60, 14, 46, 0.46
❹ 50, 17, 33, 0.33	❾ 50, 25, 25, 0.25
❺ 80, 52, 28, 0.28	❿ 90, 52, 38, 0.38

59쪽

⓫ 80, 37, 43, 0.43	⓰ 60, 27, 33, 0.33
⓬ 60, 29, 31, 0.31	⓱ 50, 24, 26, 0.26
⓭ 50, 39, 11, 0.11	⓲ 80, 49, 31, 0.31
⓮ 50, 28, 22, 0.22	⓳ 90, 64, 26, 0.26
⓯ 60, 28, 32, 0.32	⓴ 50, 12, 38, 0.38

60쪽 02 (소수 한 자리 수) − (소수 두 자리 수) B

❶ 0.12	❻ 0.11	⓫ 0.29
❷ 0.46	❼ 0.44	⓬ 0.37
❸ 0.44	❽ 0.29	⓭ 0.52
❹ 0.25	❾ 0.14	⓮ 0.72
❺ 0.26	❿ 0.53	⓯ 0.14

61쪽

⓰ 0.29	㉓ 0.37	㉚ 0.22
⓱ 0.39	㉔ 0.47	㉛ 0.16
⓲ 0.32	㉕ 0.49	㉜ 0.24
⓳ 0.31	㉖ 0.69	㉝ 0.51
⓴ 0.32	㉗ 0.27	㉞ 0.65
㉑ 0.17	㉘ 0.56	㉟ 0.17
㉒ 0.77	㉙ 0.13	㊱ 0.58

62쪽 03 (소수 두 자리 수) − (소수 두 자리 수) A

❶ 0.32	❻ 0.23	⓫ 0.51
❷ 0.22	❼ 0.71	⓬ 0.73
❸ 0.83	❽ 0.73	⓭ 0.41
❹ 0.22	❾ 0.22	⓮ 0.31
❺ 0.44	❿ 0.34	⓯ 0.42

63쪽

⓰ 0.31	㉓ 0.54	㉚ 0.22
⓱ 0.61	㉔ 0.42	㉛ 0.22
⓲ 0.51	㉕ 0.42	㉜ 0.33
⓳ 0.51	㉖ 0.44	㉝ 0.34
⓴ 0.32	㉗ 0.71	㉞ 0.63
㉑ 0.52	㉘ 0.55	㉟ 0.55
㉒ 0.22	㉙ 0.22	㊱ 0.61

64쪽 04 (소수 두 자리 수) − (소수 두 자리 수) B

❶ 0.29	❻ 0.17	⓫ 0.19
❷ 0.28	❼ 0.47	⓬ 0.28
❸ 0.48	❽ 0.16	⓭ 0.59
❹ 0.47	❾ 0.17	⓮ 0.53
❺ 0.68	❿ 0.29	⓯ 0.69

65쪽

⓰ 0.49	㉓ 0.38	㉚ 0.28
⓱ 0.18	㉔ 0.27	㉛ 0.39
⓲ 0.38	㉕ 0.17	㉜ 0.19
⓳ 0.18	㉖ 0.78	㉝ 0.42
⓴ 0.39	㉗ 0.57	㉞ 0.29
㉑ 0.19	㉘ 0.59	㉟ 0.65
㉒ 0.17	㉙ 0.38	㊱ 0.58

66쪽 05 1보다 큰 소수 한 자리 수의 뺄셈 A

① 3.6	⑥ 3.7	⑪ 3.2
② 3.1	⑦ 3.6	⑫ 3.3
③ 3.3	⑧ 4.2	⑬ 4.8
④ 3.2	⑨ 2.3	⑭ 3.6
⑤ 3.2	⑩ 3.3	⑮ 3.2

67쪽

⑯ 4.3	㉓ 2.3	㉚ 2.5
⑰ 2.3	㉔ 2.2	㉛ 5.1
⑱ 4.3	㉕ 4.4	㉜ 3.6
⑲ 2.4	㉖ 2.5	㉝ 3.1
⑳ 2.7	㉗ 3.2	㉞ 2.5
㉑ 2.4	㉘ 3.4	㉟ 2.3
㉒ 3.2	㉙ 4.4	㊱ 3.3

70쪽 07 1보다 큰 소수 두 자리 수의 뺄셈 A

① 3.21	⑥ 3.32	⑪ 3.21
② 3.22	⑦ 2.51	⑫ 2.32
③ 2.44	⑧ 2.33	⑬ 3.44
④ 3.23	⑨ 3.62	⑭ 2.32
⑤ 3.55	⑩ 3.43	⑮ 3.31

71쪽

⑯ 3.11	㉓ 4.82	㉚ 3.12
⑰ 3.67	㉔ 3.51	㉛ 3.33
⑱ 3.32	㉕ 3.22	㉜ 4.25
⑲ 3.52	㉖ 4.21	㉝ 3.45
⑳ 3.23	㉗ 2.32	㉞ 3.43
㉑ 5.14	㉘ 3.72	㉟ 3.53
㉒ 4.45	㉙ 2.42	㊱ 3.45

68쪽 06 1보다 큰 소수 한 자리 수의 뺄셈 B

① 1.8	⑥ 1.5	⑪ 2.7
② 1.5	⑦ 2.6	⑫ 3.8
③ 2.8	⑧ 2.3	⑬ 2.6
④ 2.6	⑨ 1.6	⑭ 1.8
⑤ 1.5	⑩ 3.6	⑮ 1.6

69쪽

⑯ 2.6	㉓ 2.8	㉚ 2.7
⑰ 2.8	㉔ 2.4	㉛ 1.8
⑱ 2.7	㉕ 1.3	㉜ 2.8
⑲ 2.8	㉖ 2.5	㉝ 2.4
⑳ 2.5	㉗ 2.8	㉞ 2.8
㉑ 3.6	㉘ 1.6	㉟ 1.3
㉒ 1.7	㉙ 3.8	㊱ 1.7

72쪽 08 1보다 큰 소수 두 자리 수의 뺄셈 B

① 4.28	⑥ 3.53	⑪ 3.66
② 3.27	⑦ 4.69	⑫ 1.59
③ 2.19	⑧ 3.45	⑬ 2.39
④ 3.37	⑨ 3.75	⑭ 1.59
⑤ 2.28	⑩ 2.78	⑮ 2.33

73쪽

⑯ 2.47	㉓ 3.19	㉚ 2.36
⑰ 3.28	㉔ 2.28	㉛ 1.68
⑱ 3.28	㉕ 3.35	㉜ 1.49
⑲ 3.68	㉖ 4.86	㉝ 2.77
⑳ 2.48	㉗ 2.78	㉞ 2.77
㉑ 4.78	㉘ 3.55	㉟ 1.55
㉒ 3.36	㉙ 2.39	㊱ 2.75

74쪽 09 자릿수가 다른 소수의 뺄셈 A

❶ 2.53	❻ 3.23	⓫ 5.87
❷ 1.63	❼ 1.28	⓬ 2.51
❸ 4.45	❽ 1.68	⓭ 2.67
❹ 4.89	❾ 2.36	⓮ 1.52
❺ 1.85	❿ 1.72	⓯ 4.47

75쪽

⓰ 2.86	㉓ 1.84	㉚ 1.57
⓱ 1.31	㉔ 2.73	㉛ 2.77
⓲ 4.72	㉕ 1.56	㉜ 1.65
⓳ 3.66	㉖ 2.51	㉝ 2.49
⓴ 1.44	㉗ 2.61	㉞ 3.63
㉑ 4.83	㉘ 1.74	㉟ 3.83
㉒ 1.61	㉙ 3.87	㊱ 4.86

78쪽 11 세 소수의 뺄셈 A

(계산 순서대로)

❶ 4.5, 1.8, 1.8	❻ 5.7, 2.6, 2.6
❷ 6.8, 5.6, 5.6	❼ 4.5, 1.9, 1.9
❸ 5.7, 3, 3	❽ 7.3, 6.7, 6.7
❹ 2.7, 1.6, 1.6	❾ 4.7, 3.3, 3.3
❺ 3.8, 2, 2	❿ 1.6, 1.1, 1.1

79쪽

⓫ 2.4	⓲ 4.8	㉕ 2.9
⓬ 2.2	⓳ 5.6	㉖ 6.2
⓭ 1.9	⓴ 6.9	㉗ 2.4
⓮ 2.6	㉑ 0.8	㉘ 1.8
⓯ 2.3	㉒ 2	㉙ 2.3
⓰ 5.3	㉓ 2.7	㉚ 1.4
⓱ 2.8	㉔ 1.5	㉛ 0.8

76쪽 10 자릿수가 다른 소수의 뺄셈 B

❶ 1.31	❻ 1.82	⓫ 2.27
❷ 1.75	❼ 4.49	⓬ 3.88
❸ 4.67	❽ 3.75	⓭ 2.69
❹ 4.71	❾ 3.25	⓮ 3.12
❺ 4.14	❿ 2.79	⓯ 2.38

77쪽

⓰ 3.42	㉓ 1.36	㉚ 1.66
⓱ 3.91	㉔ 2.83	㉛ 0.93
⓲ 4.31	㉕ 3.58	㉜ 4.97
⓳ 2.44	㉖ 0.76	㉝ 2.53
⓴ 1.53	㉗ 2.58	㉞ 0.89
㉑ 4.84	㉘ 0.69	㉟ 1.42
㉒ 1.58	㉙ 1.57	㊱ 3.38

80쪽 12 세 소수의 덧셈과 뺄셈 A

(계산 순서대로)

❶ 6.4, 7.9, 7.9	❻ 4.7, 5.9, 5.9
❷ 7.6, 8.4, 8.4	❼ 6.8, 8.9, 8.9
❸ 3.5, 6.6, 6.6	❽ 2.5, 5, 5
❹ 2.7, 4.5, 4.5	❾ 4.7, 8.2, 8.2
❺ 3.6, 5.9, 5.9	❿ 6.7, 7.6, 7.6

81쪽

⓫ 7.6	⓲ 3.3	㉕ 8.1
⓬ 7.4	⓳ 5.8	㉖ 9.3
⓭ 2.6	⓴ 3	㉗ 8.3
⓮ 3.2	㉑ 7	㉘ 4.7
⓯ 5.3	㉒ 8.6	㉙ 7
⓰ 4	㉓ 9.5	㉚ 9.3
⓱ 8.3	㉔ 5.1	㉛ 11.1

82쪽 01 삼각형의 각도와 길이 구하기 A

(왼쪽에서부터)

❶ 4, 70
❷ 80, 5
❸ 5, 70
❹ 50, 4
❺ 3, 45
❻ 30, 8
❼ 70, 9
❽ 3, 30

83쪽

❾ 7, 60
❿ 9, 60
⓫ 60, 2
⓬ 10, 60
⓭ 60, 5
⓮ 6, 60
⓯ 8, 60
⓰ 60, 3

84쪽 02 평행사변형의 각도와 길이 구하기 A

(왼쪽에서부터)

❶ 155, 9, 3, 25
❷ 12, 110, 70, 4
❸ 6, 130, 50, 11
❹ 145, 5, 7, 35
❺ 11, 140, 40, 4
❻ 140, 8, 3, 40
❼ 6, 120, 16, 60
❽ 100, 5, 80, 12

85쪽

❾ 150, 10, 6, 30
❿ 115, 3, 65, 5
⓫ 7, 105, 75, 4
⓬ 8, 125, 55, 5
⓭ 130, 50, 6, 7
⓮ 4, 135, 11, 45
⓯ 2, 95, 85, 3
⓰ 10, 150, 30, 5

86쪽 03 마름모의 각도와 길이 구하기 A

(왼쪽에서부터)

❶ 70, 110, 6, 6
❷ 60, 120, 16, 16
❸ 140, 40, 5, 5
❹ 95, 85, 9, 9
❺ 50, 130, 29, 29
❻ 40, 19, 19, 140
❼ 105, 75, 13, 13
❽ 80, 100, 21, 21

87쪽

❾ 115, 65, 10, 10
❿ 65, 115, 12, 12
⓫ 85, 95, 8, 8
⓬ 130, 50, 4, 4
⓭ 150, 7, 7, 30
⓮ 145, 35, 30, 30
⓯ 110, 70, 27, 27
⓰ 135, 45, 26, 26

88쪽 04 직사각형의 각도와 길이 구하기 A

(왼쪽에서부터)

❶ 9, 90, 90, 4
❷ 3, 6, 90, 90
❸ 4, 90, 90, 8
❹ 3, 90, 90, 1
❺ 11, 90, 90, 6
❻ 5, 90, 90, 12
❼ 3, 90, 90, 5
❽ 15, 90, 90, 5

89쪽

❾ 10, 90, 90, 10
❿ 14, 90, 90, 14
⓫ 8, 90, 90, 8
⓬ 22, 90, 90, 22
⓭ 17, 90, 90, 17
⓮ 29, 90, 90, 29
⓯ 12, 90, 90, 12
⓰ 20, 90, 90, 20

MEMO